建筑工程施工新技术与绿色管理研究

赵 侃 杨仁山 李 磊 主编

H.P.H 哈尔滨出版社
HARBIN PUBLISHING HOUSE

图书在版编目（CIP）数据

建筑工程施工新技术与绿色管理研究 / 赵侃，杨仁山，李磊主编. — 哈尔滨 : 哈尔滨出版社，2023.8

ISBN 978-7-5484-7555-2

Ⅰ. ①建… Ⅱ. ①赵… ②杨… ③李… Ⅲ. ①建筑施工—施工技术—无污染技术 Ⅳ. ① TU74

中国国家版本馆 CIP 数据核字 (2023) 第 169527 号

书　　名：建筑工程施工新技术与绿色管理研究

JIANZHU GONGCHENG SHIGONG XINJISHU YU LVSE GUANLI YANJIU

作　　者：赵　侃　杨仁山　李　磊　主编

责任编辑：张艳鑫

封面设计：张　华

出版发行：哈尔滨出版社 (Harbin Publishing House)

社　　址：哈尔滨市香坊区泰山路 82-9 号　邮编：150090

经　　销：全国新华书店

印　　刷：廊坊市广阳区九洲印刷厂

网　　址：www.hrbcbs.com

E - mail：hrbcbs@yeah.net

编辑版权热线：（0451）87900271　87900272

开　　本：787mm×1092mm　1/16　印张：10　字数：220 千字

版　　次：2023 年 8 月第 1 版

印　　次：2023 年 8 月第 1 次印刷

书　　号：ISBN 978-7-5484-7555-2

定　　价：76.00 元

凡购本社图书发现印装错误，请与本社印制部联系调换。

服务热线：（0451）87900279

编委会

主　编

赵　侃　山东诚信工程建设监理有限公司

杨仁山　华侨城集团有限公司

李　磊　滨州医学院附属医院

副主编

陈凤梅　山东建勘集团有限公司

李　宾　潍坊昌大建设集团有限公司

罗　意　十一冶建设集团有限责任公司

类承旭　济南轨道交通集团资源开发有限公司

刘学英　中建一局集团第二建筑有限公司

邱春利　北京建工集团有限责任公司

王世龙　郑州城建集团投资有限公司

吴信德　哈尔滨工业大学建筑设计研究院有限公司

姚　艺　北京华美装饰工程有限责任公司

杨庆花　河南建元工程质量检测有限公司

编　委

陈宏章　中国建筑西北设计研究院有限公司

孟祥超　中国建筑西北设计研究院有限公司

（以上副主编排序以姓氏首字母为序）

前　言

我国经济的快速发展推动了城市建筑的持续创新发展，随着新型城市化与城镇化的出现，现代建筑设计理念也在发生着质的转变，建筑设计思路更加开阔，设计理念更加创新，设计方向更加多元化。而建筑设计新理念的提出，要求我们要用发展的眼光去看待和接受新的设计理念，改变对建筑设计的认知。而现代建筑设计理念主要是指，借助现代先进的建筑材料、建筑施工技术与现代先进科技，在保证建筑基本使用功能的前提下，从节能、建筑艺术、环保、人文精神等多方面对建筑进行创意性设计，进而达到功能与“艺术”的和谐。

现代建筑设计创意性思维本质上涵盖了多方面的创造因素，这些新的理念不仅来自外界因素给予的灵感，也在一定程度上结合了建筑师个人的风格、爱好及其他特性，这些个人因素也是现代建筑设计新理念中不可或缺的部分，它在某种程度上表现了建筑设计的来源与动力，同时也是建筑设计新理念中想象力充分发挥的基本思路。

本书依据建筑工程施工新技术与绿色管理展开论述，分别包括了地基处理与桩基础工程、砌体工程施工技术、防水工程技术、墙体的节能设计与施工技术、绿色建筑室内外环境控制技术、绿色施工主要措施、绿色建筑运营管理与设计管理等。因此，绿色建筑和绿色施工技术，是建筑业可持续发展的重要组成部分，也是建筑业本身必须做到节约资源能源和保护生态环境的基本要求。

在撰写的过程中，作者借鉴了部分专家、学者的一些研究成果和著述内容，在此表示衷心的感谢，由于作者时间和精力有限，书中难免会有不足之处，恳请广大读者批评指正。

目录

第一章　地基处理与桩基础工程

第一节　地基处理及加固

一、地基的局部处理

（一）松土坑的处理

（1）当松土坑的范围在基槽范围内时，挖除坑中的松软土，至坑底及坑壁均见天然土为止，然后回填与天然土压缩性相近的材料。

回填材料：当天然土为砂土时，用砂或级配砂石分层夯实回填；当天然土为较密实的黏性土时，用 3 ∶ 7 灰土分层夯实回填；当天然土为中密可塑的黏性土或新近沉积黏性土时，可按照 1 ∶ 9 或 2 ∶ 8 灰土分层夯实回填。每层回填厚度不大于 200 mm。

（2）当松土坑的范围超过基槽边沿时，将该范围内的基槽适当加宽，采用与天然土压缩性相近的材料回填。当用砂土或砂石回填时，基槽每边均应按 1 ∶ 1 坡度放宽；如用 1 ∶ 9 或 2 ∶ 8 灰土回填时，基槽每边均应按 1 ∶ 2 坡度放宽。

（3）较深的松土坑（当深度大于槽宽或大于 1.5 m 时），槽底处理后，还应充分考虑加强上部结构的强度和刚度。处理方法：在灰土基础上 1 ~ 2 皮砖处（或混凝土基础内）、防潮层下 1 ~ 2 皮砖处及首层顶板处各配置 3 根（或 4 根）直径为 8 ~ 12 mm 的钢筋，跨过该松土坑两端各 1m；或改变基础形式，如采用梁板式跨越松土坑、桩基础穿透松土坑等方法。

（二）砖井或土井的处理

（1）井位于基槽的中部，井口填土较密实时，可将井的砖圈拆去 1 m 以上，用 2 ∶ 8 或 3 ∶ 7 灰土回填，分层夯实至槽底；若井的直径大于 1.5 m 时，可将土井挖至地下水面，每层铺 20 cm 粗集料，分层夯实至槽底平，上做钢筋混凝土梁（板）跨越它们。

（2）井位于基础的转角处，除采用上述的回填办法外，还可视基础压在井口的面积大小，采用从两端墙基中伸出挑梁的方法，或将基础沿墙长方向向外延长出去，跨越井的范围，然后再在基础墙内采用配筋或加钢筋混凝土梁（板）来加强。

（三）局部硬土的处理

基础下局部遇基岩、旧墙基、大孤石、老灰土或圬工构筑物，尽可能挖去，以防建筑物由于局部落于坚硬地基上，造成不均匀沉降而使建筑物开裂；或将坚硬地基部分凿去 300 ~ 500 mm 深，再回填土砂混合物或砂做软性褥垫，使软硬部分产生调整地基变形的情况，避免产生裂缝。

二、换填垫层

换填垫层是指挖去表面浅层软弱土层或不均匀土层，回填坚硬、较粗粒径的材料，并夯压密实而形成的垫层。换填垫层根据换填材料的不同可为灰土、石垫层等垫层。

（一）换填垫层的方法

当建（构）筑物的地基土比较软弱、不能满足上部荷载对地基强度和变形的要求时，常采用换填来进行处理，具体分为以下几种情况：

（1）挖。挖去表面的软土层，将基础埋置在承载力较大的基岩或坚硬的土层上，此种方法主要用于软土层不厚、上部结构的荷载不大的情况。

（2）填。当软土层很厚，而又需要大面积进行加固处理时，则可在原有的软土层上直接回填一定厚度的好土或砂石、矿石等。

（3）将挖与填相结合，即换土垫层法。施工时先将基础下一定范围内的软土挖去，而用人工填筑的垫层作为持力层，按其回填材料的不同可分为砂垫层、碎石垫层、素土垫层、灰土垫层等。

换填法适用于淤泥、淤泥质土、膨胀土、冻胀土、素填土、杂填土及暗沟、暗塘、古井、古墓或拆除旧基础后的坑穴等的地基处理。

（二）灰土地基

（1）材料要求。灰土地基是将基础底面下要求范围内的软弱土层挖去，用一定比例的石灰与土，在最优含水量的情况下充分拌和，分层回填夯实或压实而成。灰土地基具有一定的强度、水稳定性和抗渗性，施工工艺简单，取材容易，费用较低，是一种应用广泛、经济、实用的地基加固方法。其适用于加固深 1 ~ 4 m 厚的软弱土、湿陷性黄土、杂填土等，还可用作结构的辅助防渗层。

1）土料。应采用就地挖土的黏性土及塑性指数大于 4 的粉土，土内不得含有松软杂质和耕植土；土料应过筛，其颗粒直径不应大于 15 mm。

2）石灰。应用Ⅲ级以上新鲜的块灰，其中，氧化钙、氧化镁的含量越高越好，使用前 1 ~ 2 d 消解并过筛，其颗粒直径不应大于 5 mm，且不应夹有未熟化的生石灰块粒及其他杂质，也不得含有过多水分。

4）水泥（代替石灰）。可选用 42.5 级普通硅酸盐水泥，安定性和强度应经复试合格。

（2）施工要点。

1）灰土料的施工含水量应控制在最优含水量 ±2% 的范围内，最优含水量可以通过击实试验确定，也可按当地实际取用。

2）灰土分段施工时，不得在墙角、柱基及承重窗间墙下接缝，上、下两层的接缝距离不得小于 500 mm，接缝处应夯压密实，并做成直槎。当灰土地基高度不同时，应做成阶梯形，每阶宽不小于 500 mm。对做辅助防渗层的灰土，应将地下水位以下结构进行包围，并处理好接缝，同时注意接缝质量；每层虚土从留缝处往前延伸 500 mm，夯实时应夯过接缝 300 mm 以上；接缝时，用铁锹在留缝处垂直切齐，再铺下段夯实。

3）灰土应于当日铺填夯压，入槽（坑）灰土不得隔日夯打。夯实后的灰土在 30 d 内不得受水浸泡，并及时进行基础施工与基坑回填，或在灰土表面作临时性覆盖，避免日晒雨淋。雨期施工时，应采取适当的防雨、排水措施，以保证灰土在基槽（坑）内无积水的状态下进行夯实。刚夯打完的灰土，如突然遇雨，应将松软灰土除去，并补填夯实；稍受湿的灰土可在晾干后补夯。

4）冬期施工必须在基层不冻的状态下进行，土料应覆盖保温，冻土及夹有冻块的土料不得使用；已熟化的石灰应在次日用完，以充分保障石灰熟化时的热量。当日拌和灰土应当日铺填夯完，表面应用塑料布及草袋覆盖保温，以防灰土垫层早期受冻而降低强度。

5）施工时，应注意妥善保护定位桩、轴线桩，防止碰撞发生位移，并应经常复测。

6）对基础、基础墙或地下防水层、保护层以及从基础墙伸出的各种管线，均应妥善保护，防止回填灰土时遭到碰撞或损坏。

7）夜间施工时应合理安排施工顺序，配备足够的照明设施，防止铺填超厚或配合比错误。

8）灰土地基夯实后，应及时进行基础和地平面层的施工；否则，应临时遮盖地基，防止日晒雨淋。

9）每一层铺筑完毕，应进行质量检验并认真填写分层检测记录。当某一填层不符合质量要求时，应立即采取补救措施，进行整改。

（3）质量检查方法。灰土回填每层夯（压）实后，应根据相关规范规定进行质量检验。达到设计要求时，才能进行上一层灰土的铺摊。检验方法主要有环刀取样法和贯入测定法两种。

1）环刀取样法。在压实后的垫层中，用容积不小于 200 cm^3 的环刀压入每层 2/3 的深度处取样，测定干密度，其值以不小于灰土料在中密状态的干密度值为合格。

2）贯入测定法。先将垫层表面 3 cm 左右的填料刮去，然后用贯入仪、钢叉或钢筋以贯入度的大小来定性地检查垫层质量。应根据垫层的控制干密度，预先进行以下相关性试验，以确定贯入度值：

①钢筋贯入法。用直径 20 mm、长度 1 250 mm 的平头钢筋，自 700 mm 高处自由落下，插入深度以不大于根据该垫层的控制干密度测定的深度为合格。

②钢叉贯入法。用水撼法使用的钢叉，自 500 mm 高处自由落下，插入深度以不大于根据该垫层的控制干密度测定的深度为合格。

检测的布置原则：运用贯入仪或钢筋检验垫层的质量时，检验点的间距应小于 4 m。当取样检验垫层的质量时，大基坑每 50 ~ 100 m^2 不应少于一个检验点；基槽每 10 ~ 20 m^2 不应少于一个检验点；每个单独柱基不应少于一个检验点。

三、压实、夯实、挤密地基

（一）压实地基

压实是指将地基压实。压实主要是用压路机等机械对地基进行碾压，使地基压实排水固结，也可在地基范围的地面上预先堆置重物预压一段时间，以增加地基的密实度，提高地基的承载力，减少沉降量。常用的方法有砂井堆载预压法、袋装砂井堆载预压法、塑料排水带堆载预压法和真空预压法。

（1）砂井堆载预压法，砂井堆载预压法是在预压层的表面铺砂层，并用砂井穿过该土层，以利排水固结。砂井直径一般为 300 ~ 400 mm，间距为砂井直径的 6 ~ 9 倍。

（2）袋装砂井堆载预压法。袋装砂井堆载预压法的施工过程。首先用振动贯入法、锤击打入法或静力压入法将成孔用的无缝钢管作为套管埋入土层，到达规定标高后放入沙袋，然后拔出套管，再于地表面铺设排水砂层即可。用振动打桩机成孔时，一个长 20 m 的孔只需 20 ~ 30 s，完成一个袋装砂井的全套工序只需 6 ~ 8 min，施工十分简便。

（3）塑料排水带堆载预压法。塑料排水带堆载预压法是将塑料排水带用插排机将其插入软土层中，组成垂直和水平排水体系，然后堆载预压。土中孔隙水沿塑料带的沟槽上升溢出地面，进而使地基沉降固结。

（4）真空预压法。真空预压法利用大气压力作为预压荷载，无须堆载加荷，即在地基表面砂垫层上覆盖一层不透气的塑料薄膜或橡胶布。四周密封，与大气隔绝，然后用真空设施进行抽气，使土中孔隙水产生负压力，将土中的水和空气逐渐吸出，从而使土体固结。为了加速排水固结，也可在加固部位设置砂井、袋装砂井或塑料排水带等竖向排水系统。

（二）夯实地基

夯实地基是指采用强夯法或强夯置换法处理的地基。强夯法适用于处理碎石土、砂土、低饱和度的粉土与黏性土、湿陷性黄土、素填土和杂填土等地基。强夯置换法适用于高饱和度的粉土与软塑、流塑的黏性土等地基上对变形控制要求不严的工程。

（1）强夯法。用起重机械将 10 ~ 60 t 的夯锤吊至预定高度，开启脱钩装置，待夯锤脱钩自由下落后，给地基以巨大的冲击力和振动，迫使土颗粒重组，排除孔隙中的水与气体，从而使土体得到强力夯实的一种加固方法。

（2）强夯法的技术参数。

锤重不宜小于 8 t，落距不宜小于 6 m。夯击遍数应根据地基土的性质确定，可采用点夯 2 ~ 4 遍，对于渗透性较差的细颗粒土，必要时夯击遍数可适当增加。最后再以低能量满夯 1 ~ 2 遍，满夯可采用轻锤或低落距锤多次夯击，锤印应搭接处理。两遍夯击之间应有一定的间隔时间，间隔时间取决于土中超静孔隙水压力的消散时间。对于渗透性较差的黏性土地基，间隔时间不应少于 3 ~ 4 周；对于渗透性好的地基可连续夯击。强夯处理范围应大于建筑物基础范围，每边超出基础外缘的宽度宜为基底下设计处理深度的 1/2 ~ 2/3，并不宜小于 3 m。

（三）挤密地基

（1）挤密地基的概念及适用范围。挤密地基是指利用沉管、冲击、夯扩、振冲、振动沉管等方法在土中挤压、振动成孔，使桩孔周围土体得到挤密、振密，并向桩孔内分层填料形成的地基。挤密地基适用于处理湿陷性黄土、砂土、粉土、素填土和杂填土等地基。

（2）土桩、灰土桩挤密地基的施工要求。

1）成孔应根据设计要求、成孔设备、现场土质和周围环境等情况，选用沉管（振动、锤击）、冲击或钻孔夯扩等方法。桩孔直径宜为 300 ~ 600 mm。

2）桩顶设计标高以上的预留覆盖土层厚度宜符合下列要求：沉管（锤击、振动）成孔，宜不小于 1.0 m；冲击成孔、钻孔夯扩法，宜不小于 1.5 m。

3）成孔时，地基土宜接近最优（或塑限）含水量，当土的含水量低于 12% 时，宜对拟处理范围内的土层进行增湿。

4）成孔和孔内回填夯实应符合下列要求：

①成孔和孔内回填夯实的施工顺序：当整片处理时，宜从里（或中间）向外间隔 1 ~ 2 孔进行，对大型工程，可采取分段施工方式；当局部处理时，宜从外向里间隔 1 ~ 2 孔进行。

②向孔内填料前，孔底应夯实，并应抽样检查桩孔的直径、深度和垂直度。

③桩孔的垂直度偏差不宜大于 1.5%。

④桩孔中心点的偏差不宜超过桩距设计值的 5%。

⑤经检验合格后，应按设计要求，向孔内分层填入筛好的素土、灰土或其他填料，并应分层夯实至设计标高。

5）铺设灰土垫层前，应按设计要求将桩顶标高以上的预留松动土层挖除或夯（压）密实。

6）施工过程中，应有专人监理成孔及回填夯实的质量，并应做好施工记录。如发现地基土质与勘察资料不符，应立即停止施工，待查明情况或采取有效措施处理后，方可继续施工。

7）桩孔夯填质量应随机抽样检测，抽检的数量不应少于桩总数的 1%，且总计不得少于 9 根桩。

8）土桩、灰土桩挤密地基的静载荷试验的检验数量不应少于桩总数的 1%，且每项单体工程不应少于 3 个检测点。

第二节　桩基础工程

一、灌注桩施工

灌注桩是在施工现场的桩位上先成孔，然后在孔内灌注混凝土，或者加入钢筋后再灌注混凝土而形成的，广泛应用于高层建筑物的基础工程中。

（一）灌注桩施工准备

（1）灌注桩施工应具备下列资料。

1）建筑场地岩土工程勘察报告。

2）桩基工程施工图及图样会审纪要。

3）建筑场地和邻近区域内的地下管线、地下构筑物、危房、精密仪器车间等的调查资料。

4）主要施工机械及其配套设备的技术性能资料。

5）桩基工程的施工组织设计。

6）水泥、砂、石、钢筋等原材料及其制品的质检报告。

7）有关荷载、施工工艺的试验参考资料。

（2）钻孔机具及其他准备工作。

1）施工前应组织图纸会审，会审记录连同施工图等应作为施工依据，并应列入工程档案。

2）桩基施工用的供水、供电、道路、排水、临时房屋等临时设施，必须在开工前准备就绪。

3）施工场地应进行平整处理，保证施工机械能够正常作业。

4）桩基轴线的控制点和水准点应设在不受施工影响的地方，开工前，经复核后妥善保护，施工中应经常复测。

（二）灌注桩施工工艺

（1）泥浆护壁成孔灌注桩施工。工艺过程：测定桩位（桩基轴线定位和水准定位）—埋设护筒和制备泥浆—桩机就位—成孔—清孔—吊放钢筋笼—浇筑水下混凝土。

1）测定桩位。平整好施工场地后，设置桩基轴线定位点和水准点，根据桩位平面布置施工图，定出每根桩的位置，并做好标志。施工前，桩位要检查复核，以防被外界因素影响而造成偏移。

2）埋设护筒和制备泥浆。

①泥浆护壁成孔时，宜采用孔口护筒。护筒埋设应准确、稳定，护筒中心与桩位中心

的偏差不应大于 50 mm；护筒可用 4 ～ 8 mm 厚的钢板制作。护筒的埋设深度：在黏性土中不宜小于 1.0 m；在砂土中不宜小于 1.5 m。

②施工期间护筒内的泥浆面应高出地下水位 1.0 m 以上，在受水位涨落影响时，泥浆面应高出最高水位 1.5 m 以上；在清孔过程中，应不断置换泥浆，直至浇筑水下混凝土；废弃的浆、渣应进行处理，不得污染环境。

3）成孔。对孔深较大的端承桩和粗粒土层中的摩擦桩，宜采用反循环工艺成孔或清孔，也可根据土层情况采用正循环钻进、反循环清孔。如在钻进过程中发生斜孔、塌孔和护筒周围冒浆、失稳等现象时，应停钻，待采取相应措施后再进行钻进。钻孔达到设计深度，柱灌注混凝土之前，孔底沉渣厚度：对端承桩，不应大于 50 mm；对摩擦桩，不应大于 100 mm。

4）清孔。当钻孔达到设计要求深度并经检查合格后，应立即进行清孔，目的是清除孔底沉渣以减少桩基的沉降量，提高承载能力，保障桩基质量。清孔方法有真空吸泥渣法、射水抽渣法、换浆法和掏渣法。

对以原土造浆的钻孔，可使钻机空转不进尺，同时注入清水，等孔底残余的泥块已磨浆．排出泥浆的比重降至 1.1 左右（以手触泥浆无颗粒感觉）时，即可认为清孔已合格。对注入制备泥浆的钻孔，可采用换浆法清孔，至换出泥浆比重小于 1.15 ～ 1.25 为合格。

5）吊放钢筋笼。清孔后应立即安放钢筋笼、浇混凝土。钢筋笼一般都在工地制作，制作时要求主筋环向均匀布置，箍筋直径及间距、主筋保护层、加劲箍的间距等均应符合设计要求。分段制作的钢筋笼，其接头采用焊接且应符合施工及验收规范的规定。吊放钢筋笼时应保持垂直缓慢放入，防止出现碰撞孔壁。若造成塌孔或安放钢筋笼时间太长，应进行二次清孔后再浇筑混凝土。

6）灌注水下混凝土。钢筋笼吊装完毕后，应安置导管跛气泵管进行二次清孔，并应进行孔位、孔径、垂直度、孔深、沉渣厚度等检验，清孔后应立即灌注混凝土。水下灌注混凝土应符合下列规定：水下灌注混凝土必须具备良好的和易性，配合比应通过试验确定；坍落度宜为 180 ～ 220 mm；水泥用量不应少于 360 kg/m^3（当掺入粉煤灰时水泥用量可不受此限制）；水下灌注混凝土宜掺外加剂。

7）施工中常见的问题和解决方法。

①护筒冒水。护筒外壁冒水如不及时处理，严重者会造成护筒倾斜和位移、桩孔偏斜，甚至无法施工。冒水原因为埋设护筒时周围填土不密实，或者由于起落钻头时碰动了护筒。处理办法：如初发现护筒冒水，可用黏土在护筒四周填实加固；如护筒发生严重下沉或位移，则应返工重埋。

②孔壁坍塌。在钻孔过程中，若在排出的泥浆中不断有气泡产生，或护筒内的水位突然下降，则是塌孔的迹象。其原因是土质松散、泥浆护壁不好、护筒水位不高等。处理办法：如在钻孔过程中出现缩颈、塌孔，应保持孔内水位，并加大泥浆的相对密度，以稳定孔壁；如缩颈、塌孔严重或泥浆突然漏失，应立即回填黏土，待孔壁稳定后，再进行钻孔。

③钻孔偏斜。造成钻孔偏斜的原因是钻杆不垂直、钻头导向部分太短、导向性差，土质软硬不一，或遇上孤石等。处理办法：减慢钻速，并提起钻头，上下反复扫钻几次，以便削去硬层，转入正常钻孔状态。如在孔口不深处遇孤石，可使用炸药炸除。

（2）干作业成孔灌注桩。干作业成孔灌注桩是先用钻机在桩位处进行钻孔，然后将钢筋骨架放入桩孔内，再浇筑混凝土而成的桩。干作业成孔灌注桩适用于地下水位以上的填土层、黏性土层、粉土层、砂土层和粒径不大的砂砾层。

步履式螺旋成孔机，其利用动力旋转钻杆，钻杆带动钻头上的螺旋叶片旋转切削土层，土渣沿螺旋叶片上升排出孔外。螺旋成孔机成孔直径一般为 300 ~ 600 mm，钻孔深度 8 ~ 12 m。

钻杆按叶片螺距的不同，可分为密螺纹叶片和疏螺纹叶片。密螺纹叶片适用于可塑或硬塑黏土或含水量较小的砂土，钻进时速度缓慢而均匀；疏螺纹叶片适用于含水量大的软塑土层，因为钻杆在相同转速时，疏螺纹叶片较密螺纹叶片土渣向上推进快，所以，可取得较快的钻进成果。

螺旋成孔机成孔灌注桩施工工艺流程为：钻孔—检查成孔质量—孔底清理—盖好孔口盖板—移桩机至下一桩位—移走盖口板—测桩孔深度及垂直度—安放钢筋笼。放混凝土串筒—浇筑混凝土—插桩顶钢筋。

钻进时要求钻杆垂直，钻孔过程中发现钻杆摇晃或进钻困难时，可能是遇到石块等硬物，应立即停车检查，及时处理以免损坏钻具或桩孔发生偏斜。

施工中，如发现钻孔偏斜，应提起钻头上下反复扫钻数次，以便削去硬土。如纠正无效，应在孔中回填黏土至偏孔处以上 0.5 m，再重新钻进；如成孔时发生塌孔，宜钻至塌孔处以下 1 ~ 2m 处，用低强度等级的混凝土填至塌孔处以上 1m 左右，待混凝土初凝后再继续下钻至设计深度，也可用 3 ： 7 比例的灰土代替混凝土。

钻孔达到要求深度后，进行孔底土清理，即钻到设计钻深后，必须在深处进行空转清土，然后停止转动，提钻杆，不得回转钻杆。

提钻后应检查成孔质量：用测绳（锤）或手提灯测量孔深垂直度及虚土厚度。虚土厚度等于测量深度与钻孔深的差值，虚土厚度一般不应超过 100 mm。清孔时，若有少量浮土泥浆不易清除，可投入 25 ~ 60 mm 厚的卵石或碎石插捣，以挤密土体；也可用夯锤夯击孔底虚土或用压力在孔底灌入水泥浆，以减少桩的沉降和提高其承载力。

钻孔完成后，应尽快吊放钢筋笼并浇筑混凝土。混凝土应分层浇筑，每层高度不得大于 1.5 m，混凝土的坍落度在一般黏性土中为 50 ~ 70 mm，砂类土中为 70 ~ 90 mm。

（3）锤击沉管灌注桩施工。锤击沉管灌注桩施工是使用锤击式桩锤或振动式桩锤将带有混凝土预制桩尖或钢桩尖的桩管沉入土中，造成桩孔；然后放入钢筋笼，浇筑混凝土；最后拔出钢管，形成所需的灌注桩。

1）施工程序。定位—埋设混凝土预制桩尖—桩机就位—锤击沉管—灌注混凝土—边拔管、边锤击、边继续灌注混凝土（中间插入吊放钢筋笼）—成桩。

①桩机就位。将桩管对预先埋设在桩位上的预制桩对准桩尖或将桩管对准桩位中心，使它们三点合一线，然后把桩尖活瓣合拢，放松卷扬机钢丝绳，通过桩机和桩管自重，把桩尖打入土中。

②锤击沉管。在检查桩管与桩锤、桩架等是否在一条垂直线上之后，看桩管垂直度的偏差是否小于或等于 5%，可用桩锤先低锤轻击桩管，观察偏差是否在容许范围内，再正式施打，直至将桩管打入至设计标高或要求的贯入度。

③首次灌注混凝土。沉管至设计标高后，应立即灌注混凝土，尽量减少间隔时间；在灌注混凝土前，必须用吊砣检查桩管内无泥浆或无渗水后，再用吊斗将混凝土通过灌注漏斗灌入桩管内。

④边拔管、边锤击、边继续灌注混凝土。当混凝土灌满桩管后，便可开始拔管，一边拔管，一边锤击。拔管的速度要均匀，对一般土层以 1 m/min 为宜，在软弱土层和软硬土层交界处，宜控制在 0.3 ~ 0.8 m/min；按照倒打拔管的打击次数，单动汽锤不得少于 50 次 /min，自由落锤轻击（小落距锤击）不得少于 40 次 /min；在管底未拔至桩顶设计标高前，倒打和轻击不得中断。在拔管过程中应向桩管内继续灌入混凝土，以满足灌注量的要求。

⑤放钢筋笼，继续灌注混凝土成桩。当桩身配钢筋笼时，第一次灌注混凝土应先灌至笼底标高，然后放置钢筋笼，再灌混凝土至桩顶标高。第一次拔管高度应以能容纳第二次所需灌入的混凝土量为限，不宜拔得过高。在拔管过程中应有专用测锤或浮标，检查混凝土面的下降情况。

2）施工要点。锤击沉管施工法是利用桩锤将桩管和预制桩尖（桩靴）打入土中，边拔管、边振动、边灌注混凝土、边成桩，在拔管过程中，由于持续对桩管进行低锤密击，使钢管不断受到冲击振动，进而密实混凝土。锤击沉管灌注桩的施工应该根据土质情况和荷载要求，分别选用单打法、复打法和反插法。

3）施工注意事项。

①群桩基础和桩中心距小于 4 倍桩径的桩基，应有保证相邻桩桩身质量的技术措施。

②混凝土预制桩尖或钢桩尖的加工质量和埋设位置应与设计相符，桩管与桩尖的接触应有良好的密封性。

③沉管全过程必须有专职记录员做好施工记录；每根桩的施工记录均应包括每米的锤击数和最后 1m 的锤击数；必须准确测量最后 3 阵，每阵 10 锤的贯入度及落锤高度。

④混凝土的充盈系数不得小于 1.0；对于混凝土充盈系数小于 1.0 的桩，宜全长复打；对可能有断桩和缩颈桩的，应采用局部复打。成桩后的桩身混凝土顶面标高应不低于设计标高 500 mm。全长复打桩的入土深度宜接近原桩长，局部复打应超过断桩或缩颈区 1 m 以上。

⑤全长复打桩施工时应遵守下列规定：

a. 第一次灌注混凝土应达到自然地面。

b. 边拔管边清除粘在管壁上和散落在地面上的泥土。

c. 前后两次沉管的轴线应重合。

d. 复打施工必须在第一次灌注的混凝土初凝前完成。

（4）振动沉管灌注桩。振动沉管灌注桩是采用激振器或振动冲击锤将钢套管沉入土中成孔而成的灌注桩，沉管原理与振动沉桩完全相同。

①桩机就位，施工前，应根据土质情况选择适用的振动打桩机，桩尖采用活瓣式。施工时先安装好桩机，将桩管对准桩位中心，桩尖活瓣合拢，放松卷扬机钢丝绳，利用振动机及桩管自重，把桩尖压入土中，勿使其偏斜，这样即可启动振动箱沉管。

②振动沉管。沉管过程中，应经常探测管内有无地下水或泥浆。如发现水或泥浆较多，应拔出桩管，检查活瓣桩尖缝隙是否过疏而漏进泥水。如过疏应进行修理，并用砂回填桩孔后重新沉管。如仍发现有少量水，一般可在沉入前先灌入 0 ~ 1 m^3 左右的混凝土或砂浆，封堵活瓣桩尖缝隙，再继续沉入。

沉管时，为了适应不同土质条件，常用加压方法来调整土的自振频率。桩尖压力改变可利用卷扬机滑轮钢丝绳，把桩架的部分重量传到桩管上，并根据钢管的沉入速度随时调整离合器，防止桩架抬起而发生事故。

③浇筑混凝土。桩管沉到设计位置后停止振动，用上料斗将混凝土灌入桩管内，一般应灌满或略高于地面。

④边拔管、边振动、边浇筑混凝土。开始拔管时，先启动振动箱片刻再拔管，并用吊砣探测确定桩尖活瓣已张开，混凝土已从桩管中流出以后，方可继续抽拔桩管，边拔边振。拔管速度，活瓣桩尖不宜大于 2.5 m/min；预制钢筋混凝土桩尖不宜大于 4 m/min。拔管方法一般宜采用单打法，每拔起 0.5 ~ 1.0 m 时停拔，振动 5 ~ 10 s，再拔管，如此反复进行，直至全部拔出。在拔管过程中，桩管内应至少保持 2 m 以上高度或不低于地面的混凝土，可用吊砣探测，不足时要及时补灌，以防混凝土中断，造成缩颈。

振动灌注桩的中心距不宜小于桩管外径的 4 倍，相邻桩施工时，其间隔时间不得超过水泥的初凝时间。中间需停顿时，应将桩管在停歇前沉入土中。

⑤安放钢筋笼或插筋。第一次浇筑至笼底标高，然后安放钢筋笼，再灌注混凝土至设计标高。

2）施工要点。振动沉管施工法是在振动锤竖直方向往复振动作用下，桩管也以一定的频率和振幅产生竖向往复振动，减小桩管与周围土体间的摩阻力。当强迫振动频率与土体的自振频率相同时（砂土自振频率为 900 ~ 1 200 Hz，黏性土自振频率为 600 ~ 700 Hz），主体结构因共振而被破坏。与此同时，桩管受加压作用而沉入土中。在达到设计要求的深度后，边拔管、边振动、边灌注混凝土、边成桩。

振动冲击施工法是利用振动冲击锤在冲击和振动的共同作用下，使桩尖对四周的土层进行挤压，改变土体结构排列，使周围土层挤密，桩管迅速沉入土中，在达到设计标高后，边拔管、边振动、边灌注混凝土、边成桩。

振动沉管施工法、振动冲击沉管施工法一般有单打法、反插法、复打法等，应根据土质情况和荷载要求分别选用。单打法适用于含水量较小的土层，且宜采用预制桩尖；反插法及复打法适用于软弱饱和土层。

①单打法。即一次拔管法，拔管时每提升 0.5 ~ 1m，振动 5 ~ 10 s 再拔管，如此反复进行，直至全部拔出为止。一般情况下，振动沉管灌注桩均采用此法。

②复打法。在同一桩孔内进行两次单打，即按单打法制成桩后再在混凝土桩内成孔并灌注混凝土。采用此法可扩大桩径，大大提高桩的承载力。

③反插法。将套管每提升 0.5 m 后，再下沉 0.3 m，反插深度不宜大于活瓣桩尖长度的 2/3，如此反复进行，直至拔离地面。此法通过在拔管过程中反复向下挤压，可有效地避免颈缩现象，且比复打法经济、快速。

3）施工注意事项。

①单打法施工注意事项。

a. 必须严格控制最后 30 s 的电流、电压值，其值按设计要求或根据试桩和当地实际确定。

b. 桩管内灌满混凝土后，先振动 5 ~ 10 s，再开始拔管，应边振边拔，每拔 0.5 ~ 1.0 m，停拔振动 5 ~ 10 s，如此反复，直至桩管全部拔出。

c. 在一般土层内，拔管速度宜为 1.2 ~ 1.5 m/min；用活瓣桩尖时宜慢；用预制桩尖时可适当加快；在软弱土层中，宜控制在 0.6 ~ 0.8 m/min。

②反插法施工注意事项。

a. 桩管灌满混凝土之后，先振动再拔管，每次拔管高度为 0.5 ~ 1.0 m，反插深度为 0.3 ~ 0.5 m；在拔管过程中，应分段添加混凝土，保持管内混凝土面始终不低于地表面或高于地下水位 1.0 ~ 1.5 m，拔管速度应小于 0.5 m/min。

b. 在桩尖处的 1.5 m 范围内宜多次反插，以扩大桩的端部断面。

c. 穿过淤泥夹层时，应当放慢拔管速度，并减小拔管高度和反插深度，在流动性淤泥中不宜采取反插法。

③复打法施工注意事项。

a. 第一次灌注混凝土应达到自然地面。

b. 应边拔管边清除粘在管壁上和散落在地面上的泥土。

c. 前后两次沉管的轴线要重合。

d. 复打施工必须在第一次灌注的混凝土初凝前完成。

混凝土施工时应注意以下几点：混凝土的充盈系数不得小于 1.0，对于混凝土充盈系数小于 1.0 的桩，宜全长复打，对可能有断桩和缩颈桩的应局部复打。成桩后的桩身混凝土顶面标高应不低于设计标高 500 mm。全长复打桩的入土深度宜接近原桩长，局部复打应超过断桩或缩颈区 1m 以上。

（5）人工挖孔灌注桩施工。人工挖孔灌注桩是指桩孔采用人工挖掘的方法进行成孔，然后安放钢筋笼，浇筑混凝土而成的桩。

1）孔径、孔深的构造要求。人工挖孔灌注桩的孔径（不含护壁）不得小于 0.8 m，且不宜大于 2.5 m；孔深不宜大于 30 m。当桩净距小于 2.5 m 时，应采用间隔开挖。相邻排桩跳挖的最小施工净距不得小于 4.5 m。

2）护壁要求。人工挖孔灌注桩混凝土护壁的厚度不应小于 100 mm，混凝土的强度等级不应低于桩身混凝土的强度等级，并应振捣密实；护壁应配置直径不小于 8 mm 的构造钢筋，竖向筋应上、下搭接或拉接。

3）人工挖孔灌注桩施工应采取下列安全措施。

①孔内必须设置应急软爬梯供人员上、下；使用的电葫芦、吊笼等应安全可靠，并配有自动卡紧保险装置，不得使用麻绳和尼龙绳吊挂或脚踏井壁凸缘上、下。电葫芦宜用按钮式开关，使用前必须检验其安全起吊能力。

②每日开工前必须检测井下的有毒、有害气体量，并应有足够的安全防范措施。当桩孔开挖深度超过 10 m 时，应有专门向井下送风的设备，风量不宜少于 25 L/s。

③孔口四周必须设置护栏，护栏高度宜为 0.8m。

④挖出的土石方应及时运离孔口，不得堆放在孔口周边 1 m 的范围内，机动车辆的通行不得对井壁的安全造成影响。

⑤施工现场的一切电源、电路的安装和拆除必须依据《施工现场临时用电安全技术规范》的规定。

4）施工工艺。

①开孔前，桩位应准确定位放样，在桩位外设置定位基准桩，安装护壁模板必须用桩中心点校正模板位置，并应由专人负责。

②开挖土方。挖土顺序是自上而下，先中间、后孔边。

③施工第一节井圈护壁。井圈顶面应比场地高出 100 ~ 150 mm，壁厚应比下面井壁厚度增加 100 ~ 150 mm。井圈中心线与设计轴线的偏差不得大于 20 mm。

④修筑井圈护壁应符合下列规定：

a. 护壁的厚度、拉接钢筋、配筋、混凝土强度等级均应符合设计要求。

b. 上、下节护壁的搭接长度不得小于 50 mm。

c. 每节护壁均应在当日连续施工完毕；护壁混凝土必须保证振捣密实，应根据土层渗水情况使用速凝剂。

d. 护壁模板的拆除应在灌注混凝土 24h 之后进行；发现护壁有蜂窝、漏水现象时，应及时补强。

⑤挖至设计标高，终孔后应清除护壁上的泥土和孔底残渣、积水，并应进行隐蔽工程验收。验收合格后，应立即封底和灌注桩身混凝土。

⑥灌注桩身混凝土时，混凝土必须通过溜槽；当落距超过 3 m 时，应采用串筒，串筒末端距孔底的高度不宜大于 2 m；也可采用导管泵送。混凝土宜采用插入式振捣器振实。

⑦当渗水量过大时，应采取场地截水、降水或水下灌注混凝土等有效措施。严禁在桩

孔中边抽水、边开挖、边灌注（包括相邻桩的灌注）。

二、钢筋混凝土预制桩施工

（一）桩的种类

（1）钢筋混凝土实心方桩。钢筋混凝土实心桩，断面一般呈方形。桩身截面一般沿桩长不变，实心方桩截面尺寸一般为 200 mm × 200 mm ～ 600 mm × 600 mm。

钢筋混凝土实心桩的优点是可在一定范围内根据需要选择长度和截面，由于在地面上预制，制作质量容易得到保证，承载能力高，耐久性好。因此，钢筋混凝土实心桩在工程上应用较广。

钢筋混凝土实心桩由桩尖、桩身和桩头组成。钢筋混凝土实心桩所用混凝土的强度等级不宜低于 C30。采用静压法沉桩时，可适当降低，但不宜低于 C20。预应力混凝土桩的混凝土的强度等级不宜低于 C40。

（2）钢筋混凝土管桩。混凝土管桩一般在预制厂用离心法生产。桩径有 ϕ 300、ϕ 400、ϕ 500 不等，每节长度分为 8 m、10 m、12 m 不等。接桩时，接头数量不宜超过 4 个。混凝土管桩各节段之间的连接可以用角钢焊接或法兰螺栓连接。由于用离心法成型，混凝土中多余的水分由于离心力而甩出，故混凝土致密、强度高，抵抗地下水和其他腐蚀的性能好。混凝土管桩应达到设计强度 100% 后方可运到现场打桩。堆放层数不超过 4 层，底层管桩边缘应用楔形木块塞紧，以防出现滚动。

（二）桩的制作、运输和堆放

（1）桩的制作。较短的桩一般在预制厂制作，较长的桩一般在施工现场附近露天预制，场地的地面要平整、夯实，并防止浸水沉陷。预制桩叠浇预制时，桩与桩之间要做隔离层，以保证起吊时不互相黏结。叠浇层数，应由地面允许的荷载和施工要求而定，一般不超过 4 层，上层桩必须在下层桩混凝土达到设计强度等级的 30% 以后，方可进行浇筑。

钢筋混凝土预制桩的钢筋骨架的主筋连接宜采用对焊。当采用闪光对焊和电弧焊时，主筋接头配置在同一截面内的数量不得超过 50%；同一根钢筋两个接头的距离应大于 30 d，且不小于 500 mm。预制桩的混凝土浇筑工作应由桩顶向桩尖连续浇筑，严禁中断，制作完成后，应洒水养护不少于 7d。

制作完成的预制桩应在每根桩土上标明编号及制作日期，如设计不埋设吊环，则应标明绑扎点位置。

预制桩几何尺寸的允许偏差为：横截面边长 ± 5 mm；桩顶对角线之差 10 mm；混凝土保护层厚度土 5 mm；桩身弯曲矢高不大于 0.1% 桩长；桩尖中心线 10 mm；桩顶面平整度小于 2 mm。预制桩制作质量还应符合下列规定：

1）桩的表面应平整、密实，掉角深度小于 10 mm，且局部蜂窝和掉角的缺损总面积不得超过该桩表面全部面积的 0.5%，同时不得过分集中。

2）由于混凝土收缩产生的裂缝，深度小于 20 mm，宽度小于 0.25 mm；横向裂缝长度不得超过边长的一半。

（2）桩的运输。钢筋混凝土预制桩应在混凝土达到设计强度等级的 70% 后方可起吊，达到设计强度等级的 100% 后才能进行运输和打桩。如提前吊运，必须采取措施并经过验算合格后才能进行。

桩在起吊搬运时、必须做到平稳，避免冲击和振动，吊点应同时受力，且吊点位置应符合设计规定。如无吊环，而设计又未做规定时，绑扎点的数量及位置按桩长而定，应符合起吊弯矩最小的原则。长 20 ~ 30 m 的桩，一般采用 3 个吊点。

（3）桩的堆放。桩堆放时，地面必须平整、坚实，垫木间距应根据吊点确定，各层垫木应位于同一垂直线上，最下层垫木应适当加宽，堆放层数不宜超过 4 层，不同规格的桩应分别堆放。

（三）锤击沉桩（打入桩）施工

预制桩的打入法施工就是利用锤击的方法把桩打入地下，这是预制桩最常用的沉桩方法。施工工艺流程：施工准备—桩的制作、起吊、运输、堆放—试打几根桩—确定打桩顺序—打桩—打桩结束—挖出桩。破桩头—接桩（截桩）—承台施工—桩基础施工完毕。

（1）打桩机具设备准备。打桩机具主要有打桩机及辅助设备。打桩机主要由桩锤、桩架和动力装置三部分组成。桩锤的主要作用是对桩施加冲击力，将桩打入土中。桩锤类型有落锤、单动汽锤、双动汽锤、柴油锤、液压锤等。

1）桩架的作用。桩架的作用是支持桩身和桩锤，将桩吊到打桩位置，并在打入过程中引导桩的方向，保证桩锤沿着所要求的方向冲击。

①桩架的选择。选择桩架时，应考虑桩锤的类型、桩的长度和施工条件等因素。桩架的高度由桩的长度、桩锤高度、桩帽厚度及所用滑轮组的高度来确定。此外，还应留 1 ~ 3 m 的高度作为桩锤的伸缩余量。

②桩架高度 = 桩长 + 桩锤高度 + 桩帽高度 + 滑轮组高度 +（1 ~ 2）m 的起锤工作余量。常用的桩架形式主要有以下三种：滚筒式桩架、多功能桩架、履带式桩架。动力装置包括驱动桩锤用的动力设施，如卷扬机、锅炉、空气压缩机、管道、绳索和滑轮等。

2）打桩前的准备工作。

①清理障碍。高空、地上、地下。

②平整场地。对建筑物基线以外 4 ~ 6 m 范围内的整个区域或桩机进出场地及移动路线范围内的场地进行平整、夯实。

③打桩试验。了解桩的沉入时间、最终沉入度、持力层的强度、桩的承载力等。

④抄平放线。在打桩现场设置水准点（至少 2 个），用作抄平场地标高和检查桩的入土深度；按设计图要求定出桩基轴线和每个桩位。定桩位是用小木桩或白灰点标出桩位。

3）确定打桩顺序。打桩时，由于桩对土体的挤密作用，先打入的桩被后打入的桩水平挤推而造成偏移和变位或被垂直挤拔，造成浮桩；而后打入的桩难以达到设计标高或入土深度，造成土体隆起和挤压，截桩过大。所以群桩施工时，为了保证质量和进度，防止周围建筑物被破坏，打桩前应根据桩的密集程度，桩的规格、长度，以及桩架移动是否方便等因素来选择正确的打桩顺序。当桩的中心距不大于 4 倍桩的直径或边长时，常用的打桩顺序一般有下面几种：顺序一般有下面几种：自两侧向中间打、逐排打设、自中间向四周打、自中间向两侧打。

根据施工经验，打桩的顺序，以自中间向四周打、自中间向两侧打为最佳顺序。但桩距大于四倍桩直径时，则与打桩顺序关系不大，可采用由一侧向单一方向施打的方式（逐排打设），这样，桩架单方向移动，打桩效率高。当桩的规格、埋深、长度不同时，宜先大后小、先深后浅、先长后短施打。

4）打桩。打桩开始时，应先采用小的落距（0.5 ~ 0.8 m）做轻的锤击，使桩正常沉入土中 1 ~ 2 m，经检查桩尖不发生偏移，再逐渐增大落距至规定高度，继续锤击，直至把桩打到设计要求的深度。

打桩有“轻捶高击”和“重锤低击”两种方式。打桩的过程：移桩架于桩位处—用卷扬机提升桩—将桩送入龙门导管内，安放桩尖—桩顶放置弹性垫层（草袋、麻袋）、放下桩帽和垫木（在桩帽上）—试打检查（桩身、桩帽、桩锤是否在同一轴线上）—继续打桩。

5）桩终止锤击的控制应符合下列规定：

①当桩端位于一般土层时，应以控制桩端设计标高为主，贯入度为辅。

②桩端达到坚硬、硬塑的黏性土、中密以上粉土、砂土、碎石类土及风化岩时，应以贯入度控制为主，桩端标高为辅。

③贯入度已达到设计要求而桩端标高未达到设计要求时，应继续锤击三阵，每阵 10 击的贯入度不应大于设计规定的数值，必要时施工控制贯入度应通过试验确定。

④当遇到贯入度剧变，桩身突然发生倾斜、位移或有严重回弹，桩顶或桩身出现严重裂缝、破碎等情况时，应暂停打桩，并分析原因，采取相应措施。

6）测量和记录。打桩过程中应进行测量和记录。

7）桩头处理与承台施工。在打完各种预制桩开挖基坑时，按设计要求的桩顶标高将桩头多余的部分截去。截桩头时不能破坏桩身，要保证桩身的主筋伸入承台，长度应符合设计要求。当桩顶标高在设计标高以下时，在桩位上挖成喇叭口，凿掉桩头混凝土，剥出主筋并焊接接长至设计要求的长度与承台钢筋绑扎在一起；钢管桩还应焊好桩顶连接件，并应按设计处理好桩头和垫层防水。承台混凝土应一次浇筑完成，混凝土入槽宜采用平铺法。对于大体积混凝土施工，应积极采取有效措施防止温度应力引起裂缝。

第二章　砌体工程施工技术

第一节　砌体材料

砌体工程所采用的材料主要是块材和砌筑砂浆，还有少量的钢筋。砌体工程所用的材料应有产品的合格证书、产品性能检测报告，块材、水泥、钢筋、外加剂等还应有材料主要性能的进场复验报告。严禁使用国家明令淘汰的材料。

一、砌筑砂浆

砌筑砂浆常用水泥砂浆和掺有石灰膏或黏土膏的水泥混合砂浆。为了节约水泥用量和改善砂浆性能，也可用适量的粉煤灰取代砂浆中的部分水泥和石灰膏，制成粉煤灰水泥砂浆和粉煤灰水泥混合砂浆。

（一）原材料要求

（1）水泥：水泥进场使用前应分批对强度、安定性进行复验，检验应以同一生产厂家、同一编号为一批。当在使用中对水泥质量有怀疑或水泥出厂超过 3 个月（快硬硅酸盐水泥出厂超过 1 个月）时，应进行复查检验，并按其结果使用。不同品种的水泥不得混合使用。

（2）砂：砂浆用砂宜用中砂，并应过筛，且不得含有有害杂物。砂浆用砂的含泥量应满足如下要求：对水泥砂浆和强度等级不小于 M5 的水泥混合砂浆，不应超过 10%；人工砂、山砂及特细砂，应经试配能满足砌筑砂浆技术条件要求。

（3）石灰膏和黏土膏：石灰膏可用块状生石灰熟化而成，熟化时间不得少于 7 d，熟化后应采用网孔不大于 3 mm × 3 mm 的网过滤；对于磨细生石灰粉，其熟化时间不得少于 2 d；生石灰粉不得直接使用于砌筑砂浆中。沉淀池中贮存的石灰膏应防止干燥、冻结和污染，不得使用脱水硬化的石灰膏。黏土膏应使用粉质黏土或黏土制备，制备时宜用搅拌机加水进行搅拌而成，并用网孔不大于 3 mm × 3 mm 的网过筛。黏土中的有机物含量可用比色法鉴定，其色泽应浅于标准色。

（4）粉煤灰：粉煤灰品质等级可用Ⅲ级，砂浆中的粉煤灰取代水泥率不宜超过 40%，取代石灰膏率不宜超过 50%。

（5）水：拌制砂浆用水的水质应符合国家现行标准《混凝土用水标准（附条文说明）》

的规定，宜采用饮用水。

（6）外加剂：凡在砂浆中掺入有机塑化剂、早强剂、缓凝剂、防冻剂等，应经检验和试配符合要求后方可使用。有机塑化剂应有砌体强度的型式检验报告。

（二）砌筑砂浆的技术要求

（1）流动性（稠度）：砂浆的流动性是指砂浆拌和物在自重或外力的作用下是否易于流动的性能。砂浆的流动性以砂浆的稠度表示，即以标准圆锥体在砂浆中沉入的深度来表示。沉入值越大，砂浆的稠度就越大，表明砂浆的流动性越大。拌和好的砂浆应具有适宜的流动性，以便能在砖、石、砌块上铺成密实、均匀的薄层，并很好地填充块材的缝隙。

（2）保水性：砂浆的保水性是指砂浆拌和物保存的水分不致因泌水而分层离析的性能。砂浆的保水性以分层度表示，其分层度值不得大于 30 mm。保水性差的砂浆在运输、存放和使用过程中很容易造成泌水而使砂浆的流动性降低，造成铺砌困难；同时水分也易被块材所吸干而降低砂浆的强度和黏结力。为改善砂浆的保水性，可掺入石灰膏、黏土膏、粉煤灰等无机塑化剂，或微沫剂等有机塑化剂。

（3）强度等级：砂浆的强度等级用一组 6 块边长为 70.7 mm 的立方体试块，以标准养护、龄期为 28 d 的抗压强度为准。砂浆试块应在搅拌机出料口随机取样和制作，同盘砂浆只应制作一组试块。

（4）黏结力：砌筑砂浆必须具备足够的黏结力，才能将块材胶结成为整体结构。砂浆黏结力的大小将直接影响到砌体结构的抗剪强度、耐久性、稳定性和抗震能力等。砂浆的黏结力不仅与砂浆强度有关，还与砌筑底面或块材的潮湿程度、表面清洁程度及施工养护条件等因素有关。所以，施工中应采取提高黏结力的相应措施，以保证砌体的质量。

（三）砂浆的制备与使用

砌筑砂浆的种类、强度等级应符合设计要求。砂浆应通过试配确定配合比。当砌筑砂浆的组成材料有变更时，其配合比应重新确定。施工中如采用水泥砂浆代替水泥混合砂浆，则应按现行国家标准《砌体结构设计规范》的有关规定，充分考虑砌体强度降低的影响，重新确定砂浆强度等级，并以此重新设计配合比。

（1）水泥砂浆。常用的水泥砂浆强度等级分为 M15、M10、M7.5、M5、M2.5、M1、M0.4 七个级别。水泥强度等级不宜低于 32.5 MPa。如用高强度等级的水泥配制低强度等级的砂浆，为改善和易性、减小水灰比、增加密实性及耐久性，可掺入一定量的粉煤灰做混合材料。砂子要求清洁，级配良好，含泥量小于 3%。拌和可使用砂浆搅拌机，也可采用人工拌和。砂浆拌和量应配合砌石的速度和需要，一次拌和不能过多，拌和好的砂浆应在 40 min 内用完。

（2）石灰砂浆。石灰膏的淋制应在暖和、不结冰的条件下进行，淋好的石灰膏必须等表面浮水全部渗完，呈现不规则的裂缝后方可使用，最好是淋后 2 个星期再用，使石灰充分熟化。配制砂浆时按配合比（一般灰砂比为 1 ：3）取出石灰膏加水稀释成浆，再加入砂中拌和，直至颜色完全均匀一致为止。

（3）水泥石灰砂浆。水泥石灰砂浆是将水泥、石灰两种胶结材料配合与砂调制成的砂浆。拌和时先将水泥、砂子干拌均匀，然后将石灰膏稀释成浆，并倒入拌和均匀。采用这种砂浆比的水泥砂浆凝结慢，但自加水拌和到使用完不宜超过 2 h；同时由于它凝结速度较慢，故不宜用于冬季施工。

（4）小石混凝土。一般砌筑砂浆干缩率高，密实性差，在大体积砌体中，常用小石混凝土代替一般砂浆。小石混凝土分一级配和二级配两种。一级配使用 20 mm 以下的小石；二级配中粒径为 5 ~ 20 mm 的占 40% ~ 50%，粒径为 20 ~ 40 mm 的占 50% ~ 60%。小石混凝土坍落度以 7 ~ 9 cm 为宜，小石混凝土还可以节约水泥，提高砌体强度。

二、块材

（一）砖材

砖具有一定的强度、绝热性、隔声性和耐久性，在工程中被广泛应用。砌体工程所用砖的种类有烧结普通砖（黏土砖、页岩砖等）、蒸压灰砂砖、粉煤灰砖、烧结多孔砖和烧结空心砖等。砖的等级分为 MU30、MU25、MU20、MU15、MU10、MU7.5 等六级。烧结普通砖、烧结空心砖的吸水率宜在 10% ~ 15%；蒸压灰砂砖、粉煤灰砖吸水率宜在 5% ~ 8%。吸水率越小，强度越高。

黏土砖的尺寸为 53 mm × 115 mm × 240 mm，若加上砌筑灰缝的厚度（一般为 10 mm），则 1 块砖长、8 块砖宽、16 块砖厚都为 1 m。每 1 m^3 实心砖砌体需用砖 512 块。

砖的品种、强度等级必须根据设计要求，并应规格一致。用于清水墙、柱表面的砖，还应边角整齐、色泽均匀。无出厂证明的砖应做试验鉴定。

（二）石材

天然石材具有很高的抗压强度、良好的耐久性和耐磨性，常用于砌筑基础、桥涵、挡土墙、护坡、沟渠、隧洞衬砌及闸坝工程中。砌筑时，应选用强度大、耐风化、吸水率小、表观密度大、组织细密、无明显层次，且具有较好抗蚀性的石材。常用的石材有石灰岩、砂岩、花岗岩、片麻岩等。风化的山皮石、冻裂分化的块石禁止使用。

在工地上可通过看、听、称来判断石材质量。看，即观察打裂开的破碎面，颜色均匀一致、组织紧密、层次不分明的岩石为好；听，就是用手锤敲击石块，听其声音是否清脆，声音清脆响亮的岩石为好；称，就是通过称量计算出其表观密度和吸水率，看它是否符合要求，一般要求表观密度大于 2650 kg/m^3，吸水率小于 10%。

工程中常用的石材主要有以下几种：

（1）片石（块石）。片石是开采石材时的副产品，体积较小，形状不规则，用于砌体中的填缝或小型工程的护岸、护坡、护底工程，不得用于拱圈、拱座以及有磨损和冲刷的护面工程。

（2）块石。块石也称毛料石，外形大致方正，一般不加工或仅稍加修整即可使用，大小为 25 ~ 30 cm 见方，叠砌面凹入深度不应大于 25 mm，每块质量以不小于 30 kg 为宜，并具有两个大致平行的面，一般用于防护工程和涵闸砌体工程。

（3）粗料石。粗料石外形较方正，截面的宽度、高度不应小于 20 cm，且不应小于长度的 1/4，叠砌面凹入深度不应大于 20 mm，除背面外，其他 5 个平面应加工凿平，主要用于闸、桥、涵墩台和直墙的砌筑。

（4）细料石。细料石经过细加工，外形规则方正，宽度、高度大于 20 cm，且不小于其长度的 1/3，叠砌面凹入深度不大于 10 mm，多用于拱石外脸、闸墩圆头及墩墙等部位。

（5）卵石。卵石分河卵石和山卵石两种。河卵石比较坚硬，强度高。山卵石有的已风化、变质，使用前应进行检查。如颜色发黄，用手锤敲击声音不脆，表明该山卵石已风化、变质，不能继续使用。卵石常用于砌筑河渠护坡、挡土墙等。

（三）砌块

砌块的种类、规格很多，目前常用的砌块有普通混凝土小型空心砌块、轻骨料混凝土小型空心砌块、蒸压加气混凝土砌块、粉煤灰砌块等。混凝土空心砌块具有竖向方孔，可用作承重砌体。其他砌块则只能用于外承重砌体。

第二节 砌石工程

一、干砌石

干砌石是指不用任何胶凝材料把石块砌筑起来的砌体，包括干砌（片）石、干砌卵石。一般用于土坝（堤）迎水面护坡、渠系建筑物进口护坡及渠道衬砌、水闸上下游护坦、河道护岸等工程。

（一）砌筑前的准备工作

1. 备料

在砌石施工中为缩短场内运距，避免停工待料，砌筑前应尽量根据工程部位及需要数量分片备料，并提前将石块上的水锈、淤泥洗刷干净。

2. 基础清理

砌石前应将基础开挖至设计高程，淤泥、腐殖土以及混杂的建筑残渣应清除干净，必要时将坡面或底面夯实，然后才能进行铺砌。

3. 铺设反滤层

在干砌石砌筑前应铺设砂砾反滤层，其作用是：将块石垫平，不致使砌体表面凹凸不平，减小其对水流的摩阻力；减少水流或降水对砌体基础土壤的冲刷；防止地下渗水逸出时带走基础土粒，避免砌筑面下陷变形。

反滤层的各层厚度、铺设位置、材料级配和粒径以及含泥量均应满足规范要求，铺设时应与砌石施工配合，自下而上，随铺随砌，接头处各层之间的连接要层次清楚，防止层间出现错动或混淆。

（二）干砌石施工

1. 施工方法

常采用的干砌石的施工方法有两种，即花缝砌筑法和平缝砌筑法。

（1）花缝砌筑法。花缝砌筑法多用于干砌片（毛）石。砌筑时，依石块原有形状，使尖对拐、拐对尖，相互联系砌成。砌石不分层，一般多将大面向上。这种砌法的缺点是底部空虚，容易被水流淘刷变形，稳定性较差，且不能避免出现重缝、叠缝、翅口等问题，但此法具有表面比较平整的优点，常用于流速不大、不承受风浪淘刷的渠道护坡工程。

（2）平缝砌筑法。平缝砌筑法一般多适用于干砌石块的施工。砌筑时将石块宽面与坡面竖向垂直，与横向平行。砌筑前，安放一块石块前必须先进行试放，不合适处应用小锤修整，使石缝紧密，最好不塞或少塞石子。这种砌法横向设有通缝，但竖向直缝必须错开。如砌缝底部或块石拐角处有空隙，则应选适当的片石塞满填紧，以防止底部砂砾垫层由缝隙淘出，造成坍塌。

干砌块石是依靠块石之间的摩擦力来维持其整体稳定的。砌体发生局部移动或变形，将会导致整体破坏。边口部位是最易损坏的地方，所以，封边工作十分重要。护坡水下部分常采用大块石单层或双层干砌封边，然后将边外部分用黏土回填夯实，有时也可采用浆砌石进行封边。护坡水上部分的顶部则常采用比较大的方正块石砌成 40 cm 左右宽度的平台进行封边，平台后所留的空隙用黏土回填分层夯实。挡土墙、闸翼墙等重力式墙身顶部，一般用混凝土封闭。

2. 干砌石砌筑要点

干砌石施工中，经常由于砌筑技术不良，工作马虎，施工管理不善以及测量放样错漏等原因，造成缺陷，如缝口不紧、底部空虚、鼓肚凹腰、重缝、飞缝、飞口、翅口、悬石、浮塞叠砌、严重蜂窝以及轮廓尺寸走样等。

干砌石施工必须注意如下要点：

（1）干砌石工程在施工前，应进行基础清理。

（2）凡受水流冲刷和浪击作用的干砌石工程应采用竖立砌法砌筑，以期空隙为最小。

（3）重力式挡土墙施工，严禁光砌好里外砌石面，中间用乱石填充并留下空隙和蜂窝。

（4）干砌块石的墙体露出面必须要均匀分布。如墙厚等于或小于 40 cm，则同一层丁石长度应等于墙厚；如墙厚大于 40 cm，则要求同一层内外的丁石相互交错搭接，搭接长度不小于 15 cm，其中一块的长度不小于墙厚的 2/3。

（5）如用料石砌墙，则两层顺砌后应有一层丁砌，同一层采用丁顺组砌时，丁石间距不宜大于 2 m。

（6）用砌石做基础，一般下宽上窄，呈阶梯状，底层应选择比较方整的大块石，上层阶梯至少压住下层阶梯块石宽度的 1/30。

（7）大体积的干砌块石挡土墙或其他建筑物。在砌体每层转角和分段部位，应先采用大而平整的块石砌筑。

（8）护坡干砌石应自坡脚开始自下而上进行。

（9）砌体缝口要砌紧，空隙应用小石填塞紧密，防止砌体在受到水流的冲刷或外力撞击时滑落沉陷，以保持砌体的坚固性。一般规定干砌石砌体空隙率应不超过 50%。

（10）干砌石护坡的每一块石顶面一般不应低于设计位置 5 cm，不高出设计位置 15cm。

二、浆砌石

用胶结材料把单个的块石联结在一起，使石块依靠胶结材料的黏结力、摩擦力和块石本身重量结合成为新的整体，以保持建筑物的稳固，同时，胶结材料充填着石块间的空隙，堵塞了一切可能产生的漏水通道。浆砌石具有良好的整体性、密实性和较高的强度，使用寿命更长，还具有较好的防止渗水和抵抗水流冲刷的能力。

浆砌石施工的砌筑要领可概括为“平、稳、满、错”4 个字。平，同一层平面大致砌平，相邻石块的高差宜小于 3 cm；稳，单块石料的安砌务求自身稳定；满，灰缝饱满密实，严禁石块间直接接触；错，相邻石块应错缝砌筑，尤其不允许有顺水流方向的通缝。

（一）砌筑工艺

1. 砌筑面准备

对开挖成形的岩基面，在砌石开始之前应将表面已松散的岩块剔除，具有光滑表面的岩石须人工凿毛，并清除所有岩屑、碎片、泥沙等杂物。土壤地基按设计要求进行处理。

对于水平施工缝，一般要求在新一层块石砌筑前凿去已凝固的浮浆，并进行清扫、冲洗，使新旧砌体紧密结合。对于临时施工缝，在恢复砌筑时，必须进行凿毛、冲洗处理。

2. 选料

砌筑所用石料应是质地均匀、没有裂缝、没有明显风化迹象、不含杂质的坚硬石料。严寒地区使用的石料还要求石料具有一定的抗冻性。

3. 铺（坐）浆

对于块石砌块，由于砌筑面参差不齐，必须逐块坐浆、逐块安砌，在操作时还须认真调整，务使坐浆密实，以免形成空洞。坐浆一般只宜比砌石超前 0.5 ~ 1 m，坐浆应与砌筑相配合。

4. 安放石料

把洗净的湿润石料安放在坐浆面上，用铁锤轻击石面，使坐浆开始溢出为度。石料之间的垂直砌缝宽度应严格控制。采用水泥砂浆砌筑时，块石的水平灰缝厚度一般为 2 ~ 4cm，料石的水平灰缝厚度为 0.5 ~ 2 cm；采用小石混凝土砌筑时，其水平灰缝厚度一般为所用骨料最大粒径的 2 ~ 2.5 倍。

安放石料时应注意不能产生细石架空现象。

5. 竖缝灌浆

安放石料后，应及时进行竖缝灌浆。一般灌浆到与石面齐平，水泥砂浆用捣插棒捣实，小石混凝土用插入式振捣器振捣，振实后缝面下沉，待上层摊铺坐浆时一并填满。

6. 振捣

水泥砂浆常用捣插棒人工捣插，小石混凝土一般采用插入式振动器振捣。应注意对角缝的振捣，防止重振或漏振。每一层铺砌完 24 ~ 36 h 后，即可冲洗，准备下一层的铺砌。

（二）浆砌石施工

1. 基础砌筑

基础施工应在地基验收合格后方可进行。基础砌筑前，应先检查基槽（或基坑）的尺寸和标高，清除杂物，接着放出基础轴线及边线。

砌第一层石块时，基底应坐浆。对于岩石基础，坐浆前还应洒水湿润。第一层使用的石块尽量挑大一些的，这样受力较好，且便于错缝。第一层石块都必须大面向下放稳，脚踩不动即可。不要用小石块来支垫，要使石面平放在基底上，使地基受力均匀，基础稳固。选择比较方正的石块，砌在各转角上称为角石，角石两边应与准线相合。角石砌好后，再砌里、外面的石块，称为面石。最后砌填中间部分，称为腹石。砌填腹石时应根据石块自然形状交错位置，尽量使石块间缝隙最小，再将砂浆填入缝隙中，最后根据各缝隙形状和大小选择合适的小石块放入，用小锤轻击，使石块全部挤入缝隙中。禁止采用先放小石块后灌浆的方法。

接砌第二层以上石块时，每砌一块石块，应先铺好砂浆。砂浆不必铺满，铺到边，尤其在角石及面石处，砂浆应离外边约 4.5cm，并铺得稍厚一些。当石块往上砌时，恰好压到要求厚度，并刚好铺满整个灰缝。灰缝厚度宜为 20 ~ 30 mm，砂浆应饱满。阶梯形基础上的石块应至少压砌下级阶梯的 1/2，相邻阶梯的块石应相互错缝搭接。基础的最上一层石块，宜选用较大的块石砌筑。基础的第一层及转角处和交接处，应选用较大的块石砌筑。块石基础的转角处及交接处应同时砌起。如不能同时砌筑又必须留搓时，应砌成斜搓。

块石基础每天可砌高度不应超过 4.2 m。在砌基础时还必须注意，不能在砌好的砌体上抛掷块石，这会使已黏在一起的砂浆与块石受震动而分开，影响砌体强度。

2. 挡土墙

砌筑块石挡土墙时，块石的中部厚度不宜小于 20 cm，每 3 ~ 4 皮为一个分层高度，每个分层高度应找平一次；外露面的灰缝厚度不得大于 4 cm，两个分层高度间的错缝不得小于 8cm。

料石挡土墙宜采用同皮内丁顺相间的砌筑形式。当中间部分用块石填筑时，丁砌料石伸入块石部分的长度应小于 20 cm。

3. 桥、涵拱圈

浆砌拱圈一般用于小跨度的单孔桥拱、涵拱施工中，施工要点及步骤如下。

（1）选择拱圈石料。拱圈的石料一般为经过加工的料石，石块厚度不应小于 15 cm。石块的宽度为其厚度的 1.5 ~ 2.5 倍，长度为厚度的 2 ~ 4 倍，拱圈所用的石料应凿成楔形（上宽下窄），如不用楔形石块，则应用砌缝宽度的变化来调整拱度，但砌缝厚薄相差最大不应超过 1 cm，每一石块面应与拱压力线垂直。因此，拱圈砌体的方向应对准拱的中心。

（2）拱圈的砌缝。浆砌拱圈的砌缝应力求均匀，相邻两行拱石的平缝应相互错开，其相错的距离不得小于 10 cm。砌缝的厚度取决于所选用的石料：选用细石料时，其砌缝厚度不应大于 1 cm；选用粗石料时，砌缝厚度不应大于 2 cm。

（3）拱圈的砌筑程序与方法。拱圈砌筑之前，必须先做拱座。为了使拱座与拱圈结合好，需用起拱石。起拱石与拱圈相接的面应与拱的压力线垂直。当跨度在 10 m 以下时，拱圈的砌筑一般应沿拱的长和高方向，同时由两边起拱石对称地向拱顶砌筑；当跨度在 10 m 以上时，则拱圈砌筑应采用分段法进行。分段法是把拱圈分为数段，每段长可根据全拱长来决定，一般每段长 3 ~ 6 m。各段依一定砌筑顺序进行，以达到使拱架承重均匀和拱架变形最小的目的。拱圈各段的砌筑顺序：先砌拱脚，再砌拱顶，然后砌 1/4 处，最后砌其余各段。

砌筑时，各段一定要对称于拱圈跨中央。各段之间应预留一定的空缝，防止在砌筑中拱架变形而产生裂缝，待全部拱圈砌筑完毕后，再将预留空缝填实。

（三）勾缝和分缝

1. 墙面勾缝

在石砌体表面进行勾缝的目的，主要是加强砌体整体性，同时还可增加砌体的抗渗能力，另外也美化外观。

勾缝按其形式可分为凹缝、平缝、凸缝等。凹缝又可分为半圆凹缝、平凹缝；凸缝可分为平凸缝、半圆凸缝、三角凸缝等。勾缝的程序是在砌体砂浆未凝固以前，先沿砌缝将灰缝剔深 20 ~ 30 mm，形成缝槽，待砌体砂浆凝固以后再进行勾缝。勾缝前，应将缝槽冲洗干净，自上而下，不整齐处应修整。勾缝的砂浆宜用水泥砂浆，砂用细砂。砂浆稠度要掌握好：若过稠，则勾出缝来表面粗糙不光滑；若过稀，则容易坍落走样。最好不使用火山灰质水泥，因为这种水泥干缩性大，勾缝容易开裂。砂浆强度等级应符合设计规定，一般应高于原砌体的砂浆强度等级。

勾凹缝时，先用铁钎子将缝修凿整齐，再在墙面上浇水湿润，然后将浆勾入缝内，再用板条或绳子压成凹缝，用灰抹赶压光平。凹缝多用于石料方正、砌得整齐的墙面。勾平缝时，先在墙面洒水，使缝槽湿润后，将砂浆勾于缝中，赶光压平，使砂浆压住石边，即成平缝。勾凸缝时，先浇水润湿缝槽，用砂浆打底，与石面相平，而后用扫把扫出麻面，待砂浆初凝后抹第二层，其厚度约为 1cm，然后用灰抹拉出凸缝形状。凸缝多用于不平整石料。砌缝不平时，把凸缝移动一点，可使表面更加美观。

砌体的隐蔽回填部分，可不专门做勾缝处理，但有时为了加强防渗，应事前在砌筑过程中用原浆将砌缝填实抹平。

2. 伸缩缝

浆砌体常因地基不均匀沉降或砌体热胀冷缩而产生裂缝。为避免砌体发生裂缝，一般在设计时均要在建筑物某些接头处设置伸缩缝（沉降缝）。施工时，可按照设计规定的厚度、尺寸及不同材料做成缝板。缝板有油毛毡、沥青杉板等，其厚度为设计缝宽，一般均砌在缝中。如采用前者，则需先立梯架，将伸缩缝一边砌筑平整，然后贴上油毛毡，再砌另一边；如采用沥青杉板做缝板，最好是架好缝板，两面同时等高砌筑，不需再立样架。

（四）砌体养护

为使水泥进行充分水化反应，提高胶结材料的早期强度，防止胶结材料开裂，应在砌体胶结材料终凝（一般砌完 6 ~ 8h）后及时洒水养护 14 ~ 21d，最低限度不得少于 7d。养护方法是，配专人洒水，经常保持砌体湿润，也可在砌体上加盖湿草袋，以减少水分的蒸发。夏季的洒水养护还可起降温的作用。由于日照长、气温高、蒸发快，一般在砌体表面要覆盖草袋、草帘等，白天洒水 7 ~ 10 次，夜间蒸发少且有露水，只需洒水 2 ~ 3 次即可满足养护需要。

冬季当气温降至 0℃以下时，要增加覆盖草袋、麻袋的厚度，加强保温效果。冰冻期间不得洒水养护。砌体在养护期内应保持正温。砌筑面的积水、积雪应及时清除，防止结冰。冬季水泥初凝时间较长，砌体一般不宜采用洒水养护。

养护期间不能在砌体上堆放材料、修凿石料、碰动块石，否则会引起胶结面的松动脱离。砌体后隐蔽工程的回填，在常温下一般要在砌后 28 d 方可进行，小型砌体可在砌后 10 ~ 12 d 进行回填。

第三节　砌砖工程

砖砌体结构由于其成本低廉、施工简单，并能适用于各种形状和尺寸的建筑物、构筑物，故在土木工程中，目前仍被广泛采用。

一、砌筑前的准备工作

（一）材料准备

（1）砖的品种、强度等级必须符合设计要求，并应规格一致；用于清水墙、柱表面的砖，还应边角整齐、色泽均匀。

（2）常温下砌筑时，砖应提前 1 ～ 2 d 浇水湿润，以免砖过多吸走砂浆中的水分而影响其黏结力，并可除去砖表面的粉尘。但若浇水过多而在砖表面形成一层水膜，则会产生跑浆现象，使砌体走样或滑动，流淌的砂浆还会污染墙面。烧结普通砖、多孔砖含水率宜为 10% ～ 15%（含水率以水分质量占干砖质量的百分数计），灰砂砖、粉煤灰砖含水率宜为 8% ～ 12%。现场以将砖砍断后，其断面四周吸水深度达到 15 ～ 20 mm 为宜。

（3）施工时施砌的蒸压灰砂砖、粉煤灰砖的产品龄期不应小于 28 d。

（二）技术准备

（1）找平：砌筑基础前应对垫层表面进行找平，表面如有局部不平，高差超过 30 mm 处应用 C15 以上的细石混凝土找平，不得仅用砂浆或在砂浆掺细碎砖或碎石填平。砌筑各层墙体前，也应在基础顶面或楼面上定出各层标高并找平，使各层砖墙底部标高符合设计要求。

（2）放线：砌筑前应将砌筑部位清理干净并放线。砖基础施工前，应在建筑物的主要轴线部位设置标志板（龙门板），标志板上应标明基础和墙身的轴线位置及标高；对外形或构造简单的建筑物，也可用控制轴线的引桩代替标志板。然后，根据标志板或引桩在垫层表面上放出基础轴线及底宽线。砖墙施工前，也应放出墙身轴线、边线及门窗洞口等位置线。

（3）制作皮数杆：为了控制墙体的标高，应事先用方木或角钢制作皮数杆，并根据设计要求、砖规格和灰缝厚度，在皮数杆上标明砌筑皮数及竖向构造的变化部位。在基础皮数杆上，竖向构造包括底层室内地面、防潮层、大放脚、洞口、管道、沟槽和预埋件等。墙身皮数杆上，竖向构造包括楼面、门窗洞口、过梁、圈梁、楼板、梁及梁垫等。

二、砖砌体施工工艺

砖砌体施工的一般工艺过程为：摆砖—立皮数杆—盘角和挂线—砌筑—楼层标高控制等。

（一）摆砖（撂底）

摆砖是在放线的基面上按选定的组砌形式用干砖试摆，并在砖与砖之间留出竖向灰缝宽度。摆砖的目的是使纵、横墙能准确地按照放线的位置咬槎搭砌，并尽量使门窗洞口、附墙垛等处符合砖的模数，以尽可能减少砍砖，同时使砌体的灰缝均匀，保障宽度符合要求。

（二）立皮数杆

砌基础时，应在垫层转角处、交接处及高低处立好基础皮数杆；砌墙体时，应在砖墙的转角处及交接处立起皮数杆。皮数杆间距不应超过 15 m。立皮数杆时，应使杆上所示标高线与找平所确定的设计标高相吻合。

（三）盘角和挂线

砌体角部是保证砌体横平竖直的主要依据，所以砌筑时应根据皮数杆在转角及交接处先砌几皮砖，并确保其垂直、平整，此工作称为盘角。每次盘角不应超过 5 皮砖，然后再在其间拉准线，依准线逐皮砌筑中间部分。砌筑一砖半厚及其以上的砌提要双面挂线。

（四）砌筑

砌筑砖砌体时首先应确定组砌方法。砖基础一般采用一顺一丁的组砌方法，实心砖墙根据不同情况可采用一顺一丁法、三顺一丁法、梅花丁法、条砌法、顶砌法、两平一侧法等组砌方法砌筑。各种组砌方法中，上、下皮砖的垂直灰缝相互错开且错缝长度均不应小于 1/4 砖长（60 mm）。多孔砖砌筑时，其孔洞应垂直于受压面。方形多孔砖一般采用全顺砌法，错缝长度为 1/2 砖长；矩形多孔砖宜采用一顺一丁或梅花丁的组出层均应整砖丁砌。

砌筑操作方法可采用“三一”砌筑法或铺浆法。“三一”砌筑法即一铲灰、一块砖、一挤揉，并随手将挤出的砂浆刮去的操作方法。这种砌筑方法易使灰缝饱满、黏结力好、墙面整洁，故宜采用此法砌砖，尤其是对于抗震设防的工程。当采用铺浆法砌筑时，铺浆长度不得超过 750 mm ；当气温超过 30℃时，铺浆长度不得超过 500 mm。砖墙每天砌筑高度以不超过 1.8 m 为宜。以保证墙体的稳定性。

（五）楼层标高控制

楼层的标高除用皮数杆控制外，还可在室内弹出水平线来控制，即在每层墙体砌筑到一定高度后，用水准仪在室内各墙角测出标高控制点，一般比室内地面或楼面高 200 ~ 500 mm，然后根据该控制点弹出水平线，用于控制各层过梁、圈梁及楼板的标高。

三、砖砌体工程的质量要求和保证措施

砖砌体工程的质量要求可概括为十六个字:横平竖直、砂浆饱满、组砌得当、接槎可靠。

（一）横平竖直

横平即要求每一皮砖的水平灰缝平直，且每块砖必须摆平。为此，首先应对基础或楼面进行找平，砌筑时应严格按照皮数杆层层挂水平准线并将线拉紧，每一皮砖依准线砌平。

竖直即要求砌体表面轮廓垂直平整，且竖向灰缝垂直对齐。因此，在砌筑过程中要随时用线锤和托线板进行检查，做到“三皮一吊、五皮一靠”，以保证砌筑质量。

（二）砂浆饱满

砂浆的饱满程度对砌体质量影响较大。砂浆不饱满，一方面会使砖块间不能紧密黏结，影响砌体的整体性，另一方面会使砖块不能均匀传力。水平灰缝不饱满会使砖块处于局部受弯、受剪的状态而导致断裂；竖向灰缝不饱满会明显影响砌体的抗剪强度。所以，为保证砌体的强度和整体性，要求水平灰缝的砂浆饱满度不得小于 80%，竖向灰缝不得出现透明缝、瞎缝和假缝。此外，还应保障砖砌体的灰缝厚薄均匀。水平灰缝厚度和竖向灰缝厚度宜为 10 mm，但不应小于 8 mm，也不应大于 12 mm。

（三）组砌得当

为保证砌体的强度和稳定性，对不同部位的砌体，应选择正确的组砌方法。其基本原则是上、下错缝，内外搭砌，砖柱不得采用包心砌法。同时，清水墙、窗间墙无竖向通缝，混水墙中长度大于或等于 300 mm 的通缝每间不超过 3 处，且不得位于同一面墙体上。

（四）接槎可靠

接槎是指相邻砌体不能同时砌筑而设置临时间断时，后砌砌体与先砌砌体之间的接合形式。

砖砌体的转角处和交接处应同时砌筑，严禁无可靠措施的内外墙分砌施工。在不能同时砌筑而又必须留置的临时间断处，应砌成斜槎，斜槎水平投影长度不应小于高度的 2/3。

非抗震设防及抗震设防烈度为 6 度、7 度地区的临时间断处，当不能留斜槎时，除转角处外，可留直槎，但直槎必须做成凸槎。留直槎处应加设拉结钢筋，拉结钢筋的数量为每 120 mm 墙厚放置 1 Φ 6 拉结钢筋（120 mm 厚墙放置 2 Φ 6 拉结钢筋），间距沿墙高不应超过 500 mm；埋入长度从留槎处算起每边均不应小于 500 mm，对抗震设防烈度为 6 度、7 度的地区，不应小于 1000 mm，末端应有 90° 弯钩。

为保证砌体的整体性，在临时间断处衬砌时，必须将留设的接槎处表面清理干净，浇水湿润，并填实砂浆，保持灰缝平直。

第四节 其他砌块砌体工程

一、混凝土小型空心砌块砌体工程

普通混凝土和轻骨料混凝土小型空心砌块（以下简称小砌块）由于强度高，体积和重量不大（主规格为 390 mm × 190 mm × 190 mm），施工操作方便，并能节约砂浆和提高砌筑效率，所以常用作多层混合结构房屋承重墙体的材料。

（一）砌筑前的准备工作

小砌块砌筑前，其找平、放线、制作皮数杆的技术准备工作与砖砌体砌筑的相同，材料的准备工作如下。

（1）小砌块使用前应检查其生产龄期，施工时所用的小砌块的产品龄期不得小于 28 d，以保证其具有足够的强度，并使其在砌筑前能完成大部分收缩，有效地控制墙体的收缩裂缝。

（2）应清除小砌块表面的污物，用于砌筑芯柱的小砌块孔洞底部的毛边也应去掉，以免影响芯柱混凝土的灌筑，还应剔除外观质量不合格的小砌块。

（3）承重墙体严禁使用断裂的小砌块，应严格检查，一旦发现有断裂现象，就予以剔除。

（4）底层室内地面以下或防潮层以下的砌体，应提前采用强度等级不低于 C20 的混凝土灌实小砌块的孔洞。

（5）为控制小砌块砌筑时的含水率，普通混凝土小砌块一般不宜浇水，在天气干燥炎热的情况下，可提前洒水湿润；对轻骨料混凝土小砌块，可提前浇水湿润。小砌块表面有浮水时不得施工，严禁雨天施工。为此，小砌块堆放时应做好防雨和排水处理。

（6）施工时所用的砂浆宜选用专用的小砌块砌筑砂浆，以提高小砌块与砂浆间的黏结力，且保证砂浆具有良好的施工性能，以满足砌筑要求。

（二）施工要点

小砌块砌体的施工工艺与砖砌体的施工工艺基本相同，即摆砖—立皮数杆—盘角和挂线—砌筑—楼层标高控制。施工中还应特别注意砌筑要点，以保障砌筑质量，进而保证小砌块墙体具有足够的抗剪强度和良好的整体性、抗渗性。

（1）由于混凝土小砌块的墙厚等于砌块的宽度（190 mm），故其砌筑形式只有全部顺砌一种。墙体的孔、错缝应搭砌，搭接长度不应小于 90 mm。当墙体的个别部位不能满足上述要求时，应在水平灰缝中设置拉结钢筋或钢筋网片，但竖向通缝仍不得超过 2 皮小砌块。

（2）砌筑时小砌块应底面朝上反砌于墙上。因小砌块孔洞底部有一定宽度的毛边，反砌可便于铺筑砂浆和保证水平灰缝砂浆的饱满度。

（3）砌体的灰缝应横平竖直，水平灰缝厚度和竖向灰缝宽度宜为 10 mm，但不应大于 12 mm，也不应小于 8 mm。水平灰缝的砂浆饱满度应按净面积计算，不得低于 90%；竖向灰缝的饱满度不得低于 80%，竖向凹槽部位应采用加浆的方法用砂浆填实，严禁用水冲浆灌缝。墙体不得出现瞎缝、透明缝。

（4）当需要移动砌体中的小砌块或小砌块被撞动时，应重新铺砌。

（5）墙体的转角处和纵横墙交接处应同时砌筑。临时间断处应砌成斜槎，斜槎的水平投影长度不应小于高度的 2/3。如留斜槎有困难，对抗震设防地区，除外墙转角处外，临时间断处可留直槎，但应从墙面伸出 200mm 砌成凸槎，并应沿墙高每隔 600mm（3 皮砌块）设置拉结钢筋或钢筋网片，埋入长度从留槎处算起，每边均不应小于 600 mm，钢筋外露部分不得任意弯曲。

（6）在砌块墙与后砌隔墙交接处，应沿墙高每隔 400 mm 在水平灰缝内设置不少于 2 Φ 4、横筋间距不大于 200 mm 的焊接钢筋网片，钢筋网片伸入后砌隔墙内的长度不应小于 600 mm。

（7）设计规定的洞口、管道、沟槽和预埋件，应在砌筑墙体时预留和预埋，不得随意打凿已砌好的墙体。小砌块砌体内不宜设置脚手眼，如需要设置，则可用辅助规格的单孔小砌块（190 mm × 190 mm × 190 mm）侧砌，利用其孔洞作为脚手眼，墙体完工后用强度等级不低于 C15 的混凝土填实。

（8）在常温条件下，普通混凝土小砌块墙的日砌筑高度应控制在 1.8 m 内；轻骨料混凝土小砌块墙的日砌筑高度应控制在 2.4 m 内，以保证墙体的稳定性。

二、砌体工程

钢筋混凝土结构和钢结构房屋中围护墙和隔墙，在主体结构施工后，常采用轻质材料填充砌筑，称为填充墙砌体。填充墙砌体采用的轻质块材通常有蒸压加气混凝土砌块、粉煤灰砌块、轻骨料混凝十小砌块和烧结空心砖等。

（一）砌筑前的准备工作

填充墙砌体砌筑前，其找平、放线、制作皮数杆的技术准备工程也与砖砌体工程的相同，其他准备工作如下：

（1）在各类砌块和空心砖的运输、装卸过程中，严禁抛掷和倾倒。进场后应按品种、规格分别堆放整齐，堆置高度不宜超过 2 m。对蒸压加气混凝土砌块和粉煤灰砌块尚应防止雨淋。

（2）各类砌块使用前应检查其生产龄期，施工时所用砌块的产品龄期应超过 28 d。

（3）用空心砖砌筑时，应提前 1 ~ 2 d 浇水湿润，砖的含水率宜为 10% ~ 15%；用轻骨料混凝土小砌块砌筑时，可提前浇水湿润；用蒸压加气混凝土砌块、粉煤灰砌块砌筑时，应向砌筑面适量浇水。

（4）采用轻质砌块或空心砖砌筑墙体时，墙底部应先砌筑烧结普通砖、多孔砖或普通混凝土小砌块的坎台，或现浇混凝土坎台，坎台高度不宜小于 200 mm。

（二）填充墙砌体的施工要点

填充墙砌体施工的一般工艺过程为：筑坎台—排块摆砖—立皮数杆—挂线砌筑—塞缝、收尾。填充墙砌体虽为非承重墙体，但为了保障墙体有足够的整体稳定性和良好的使用功能，施工中应注意以下砌筑要点。

（1）由于蒸压加气混凝土砌块和粉煤灰砌块的规格尺寸都较大（前者规格为 600 mm × 200 mm、600 mm × 250 mm、600 mm × 300 mm 三种，后者为 880 mm × 380 mm、800 mm × 430 mm 两种），为了保证纵、横墙和门窗洞口位置的准确性，砌块砌筑前应根据建筑物的平面、立面图绘制砌块排列图。

（2）在采用砌块砌筑时，各类砌块均不应与其他块材混砌，以便有效地控制因砌块不均匀收缩而导致的墙体裂缝，但对于门窗洞口等局部位置，可酌情采用其他块材衬砌。空心砖墙的转角、端部和门窗洞口处，应用烧结普通砖砌筑，烧结普通砖的砌筑长度不小于 240 mm。

（3）填充墙砌筑时应错缝搭砌，蒸压加气混凝土砌块和粉煤灰砌块的搭砌长度不应小于砌块长度的 1/3；轻骨料混凝土小砌块的搭砌长度不应小于 90 mm；空心砖的搭砌长度为 1/2 砖长。竖向通缝均不应大于 2 皮块体。

（4）填充墙砌体的灰缝厚度和宽度应正确。蒸压加气混凝土砌块、粉煤灰砌块砌体的水平灰缝厚度及竖向灰缝宽度分别宜为 15 mm 和 20 mm；轻骨料混凝土小砌块、空心砖砌体的水平灰缝厚度应为 8 ~ 12 mm。砌块砌体的水平及竖向灰缝的砂浆饱满度均不得低于 80%；空心砖砌体的水平灰缝的砂浆饱满度不得低于 80%，竖向灰缝不得出现透明缝、瞎缝、假缝。

（5）填充墙砌体留置的拉结钢筋或网片的位置应与块体皮数相符合。拉结钢筋或网片应置于灰缝中，其埋置长度应符合设计要求，竖向位置偏差不应超过 1 皮块体高度，以保证填充墙砌体与相邻的承重结构（墙或柱）有可靠的连接。

（6）填充墙砌至接近梁、板底时，应留一定空隙，待填充墙砌筑完并至少间隔 7 d 后，再将其衬砌挤紧。通常可采用斜砌烧结普通砖的方法来挤紧，以保证砌体与梁、板底的紧密结合。

第五节　特殊条件下的施工及安全技术

一、特殊条件下的施工

（一）夏季施工

夏季天气炎热，进行砌砖时，砖块与砂浆中的水分急剧蒸发，容易导致砂浆脱水，使水泥的水化反应不能正常进行，严重影响砂浆强度的正常增长。因此，砌筑用砖要充分浇水湿润，严禁干砖上墙。气温高于 30℃时，一般不宜砌筑。最简易的温控办法是避开高温时段砌筑，另外也可采用搭设凉棚、洒水喷雾等办法。对已完砌体应加强养护，昼夜保持外露面湿润。

（二）雨天施工

石料堆场应有排水设备。无防雨设施的砌石面在小雨中施工时，应适当减小水灰比，并及时排除积水，做好表面保护工作，在施工过程中如遇暴雨或大雨，应立即停止施工，覆盖表面。雨后及时排除积水，清除表面软弱层。雨季往往在一个月中有较多的下雨天气，大雨会严重冲刷灰浆，影响砌浆质量，所以施工遇大雨必须停工。雨期施工砌体淋雨后吸水过多，在砌体表面形成水膜，用这样的砖上墙，会产生坠灰和砖块滑移现象，难以保证墙面的平整，甚至会造成质量事故。

抗冲耐磨或需要抹面等部位的砌体，不得在雨天施工。

（三）冬季施工

当最低气温在0℃以下时，应停止石料砌筑。当最低气温在0 ~ 5℃且必须进行砌筑时，要注意表面保护，胶结材料的强度等级应适当提高并保持胶结材料温度不低于5℃。

冬季砌筑的主要问题是砂浆容易遭到冻结。砂浆中所含水受冻结冰后，一方面影响水泥的硬化（水泥的水化作用不能正常进行），另一方面砂浆冻结会使其体积膨胀8%左右。体积膨胀会破坏砂浆的内部结构，使其松散而降低黏结力。所以冬季砌砖要严格控制砂浆用水量，采取延缓和避免砂浆中水受冻结的措施，以保证砂浆的正常硬化，使砌体达到设计强度。砌体工程冬季施工可采用掺盐砂浆法，也可用冻结法或其他施工方法。

二、施工安全技术

砌筑操作之前须检查周围环境是否符合安全要求，道路是否畅通，机具是否良好，安全设施及防护用品是否齐全，经检查确认符合要求后，方可开始施工。

在施工现场或楼层上的坑、洞口等处，应设置防护盖板或护身拦网；在沟槽、洞口等处，夜间应设红灯示警。

施工操作时要思想集中不准嬉笑打闹，不准上下投掷物体，不得乘吊车上下。

（一）砌筑安全

砌基础时，应检查和经常注意基坑土质变化情况，有无崩裂情况，发现槽边土壁裂缝、化冻、浸水或变形并有坍塌危险时，应及时加固，对槽边有可能坠落的危险物，要进行清理后再操作。

槽宽小于1 m时，在砌筑站人的一侧应留40 cm操作宽度；深基槽砌筑时，上下基槽必须设置阶梯或坡道，不得踏踩砌体或从加固土壁的支撑面上下。

墙身砌体高度超过地坪1.2 m以上时，应搭设脚手架。在一层以上或高度超过4 m时，若采用里脚手架则必须支搭安全网，若采用外脚手架则应设护身栏杆和挡脚板后方可砌筑。如利用原架子做外檐抹灰或勾缝，则应对架子重新检查和加固。脚手架上堆料量不得超过规定荷载。

在架子上不准向外打砖，打砖时应面向墙面一侧；护身栏杆上不得坐人，不得在砌砖的墙顶上行走。不准站在墙顶上刮缝、清扫墙面和检查大角是否垂直，也不准掏井砌砖（即脚手板高度不得超过砌体高度）。

挂线用的垂砖必须用小线绑牢固，防止坠落伤人。

砌出檐砖时，应先砌丁砖，锁住后面再砌第二支出檐砖。上下架子要走扶梯或马道，不要攀登架子。

（二）堆料安全

距基槽边 1 m 范围内禁止堆料，架子上堆料密度不得超过 370 kg/m^2；堆砖不得超过 3 码，顶面朝外堆放。在楼层上施工时，先在每个房间预制板下支好保安支柱，方可堆料及施工。

（三）运输安全

垂直运输中使用的吊笼、绳索、刹车及滚杠等，必须满足荷载要求，牢固可靠，在吊运时不得超载，发现问题及时检修。

用塔吊吊砖要用吊笼，吊砂浆的料斗不宜装得过满，吊件转动范围内不得有人停留。吊件吊到架子上下落时，施工人员应暂时躲到一边。吊运中禁止料斗碰撞架子或下落时压住架子。运送人员及材料、设备的施工电梯，为了安全运行，防止意外，均须设置限速制动装置。超过限速即自动切断电源而平稳制动，并宜专线供电，以防万一。

运输中跨越沟槽，应铺宽度在 1.5 m 以上的马道。运输中，平道上两车相距不应小于 2 m，坡道上两车相距不应小于 10 m，以免发生碰撞。

装砖（砖垛上取砖）时要先高后低，防止倒垛伤人。道路上的零星材料、杂物，应经常加以清理，使运输道路畅通。

第三章　建筑防水工程

第一节　建筑屋面防水工程施工

屋面防水工程按其构造可分为柔性防水屋面、刚性防水屋面、上人屋面、架空隔热屋面、蓄水屋面、种植屋面和金属板材屋面等。屋面防水可多道设防，将卷材、涂膜、细石防水混凝土复合使用，也可将卷材叠层施工。国家标准《屋面工程质量验收规范》根据建筑物的性质、重要程度、使用功能要求以及防水层耐用年限等，将屋面防水分为四个等级，不同的防水等级有不同的设防要求。屋面工程应根据工程特点、地区自然条件等，按照屋面防水等级设防要求，进行防水构造设计。

一、卷材防水屋面

卷材防水屋面属柔性防水屋面，其优点是：重量轻，防水性能较好，尤其是防水层，具有良好的柔韧性，能适应一定程度的结构振动和胀缩变形；其缺点是：造价高，特别是沥青卷材易出现老化、起鼓，耐久性差，施工工序多，工效低，维修工作量大，产生渗漏时修补、找漏困难等。

卷材防水屋面一般由结构层、隔汽层、保温层、找平层、防水层和保护层组成。其中，隔汽层和保温层在一定的气温条件和使用条件下可不设。

（一）材料要求

1. 卷材防水屋面的材料

（1）沥青

沥青是一种有机胶凝材料。在土木工程中，目前常用的汤膏是石油沥青。石油沥青按其用途，可分为建筑石油沥青、道路石油沥青和普通石油沥青三种。建筑石油沥青黏性较高，多用于建筑物的屋面及地下工程防水；道路石油沥青则用于拌制沥青混凝土和沥青砂浆或道路工程；普通石油沥青因其温度稳定性差，黏性较低，在建筑工程中一般不单独使用，而是与建筑石油沥青掺配经氧化处理后使用。

（2）卷材

1）沥青卷材

沥青防水卷材按照制造方法不同，可分为浸渍（有胎）和辐压（无胎）两种。石油沥青卷材又称油毡和油纸。油毡是用高软化点的石油沥青涂盖油纸的两面，再撒上一层滑石粉或云母片而成；油纸是用低软化点的石油沥青浸渍原纸而成。建筑工程中常用的有石油沥青油毡和石油沥青油纸两种。油毡和油纸在运输、堆放时应竖直搁置，高度不宜超过两层；应储存在阴凉通风的室内，避免日晒雨淋及高温、高热。

2）高聚物改性沥青卷材

高聚物改性沥青防水卷材是以合成高分子聚合物改性沥青为涂盖层，纤维织物或纤维毡为胎体，粉状、粒状、片状或薄膜材料为覆盖材料制成可卷曲的片状材料。

3）合成高分子卷材

合成高分子防水卷材是以合成橡胶、合成树脂或两者的共混体为基料，加入适量的化学助剂和填充料等，经不同工序加工而成的可卷曲的片状防水材料；或把上述材料与合成纤维等进行复合，形成两层或两层以上的可卷曲的片状防水材料。

（3）冷底子油

冷底子油是用 10 号或 30 号石油沥青加入挥发性溶剂配制而成的溶液。石油沥青与轻柴油或煤油以 4 ：6 的配合比调制而成的冷底子油为慢挥发性冷底子油，涂喷后 12 ~ 48 h 干燥；石油沥青与汽油或苯以 3 ：7 的配合比调制而成的冷底子油为快挥发性冷底子油，涂喷后干燥 5 ~ 10 h。调制时先将熬好的沥青倒入料桶中，再加入溶剂，并不停地搅拌至沥青全部溶化为止。冷底子油具有较强的渗透性和憎水性，并使沥青胶结材料与找平层之间的黏结力增强。

（4）沥青胶结材料

沥青胶结材料是用石油沥青按一定配合比掺入填充料（粉状和纤维状矿物质）混合熬制而成的，用于粘贴油毡做防水层或作为沥青防水涂层以及接头填缝。

2. 进场卷材的抽样复验

（1）同一品种、型号和规格的卷材，抽样数量：大于 1 000 卷抽取 5 卷；500 ~ 1 000 卷抽取 4 卷；100 ~ 499 卷抽取 3 卷；小于 100 卷抽取 2 卷。

（2）将受检的卷材进行规格、尺寸和外观质量检验，全部指标达到标准规定时即为合格。其中若有一项指标达不到要求，允许在受检产品中另取相同数量卷材进行复检，全部达到标准规定为合格。复检时仍有一项指标不合格，则判定该产品外观质量为不合格。

（3）在外观质量检验合格的卷材中，任取一卷做物理性能检验，若物理性能有一项指标不符合标准规定，应在受检产品中加倍取样进行该项复检；如复检结果仍不合格，则判定该产品为不合格。

（二）卷材防水屋面的施工

1. 卷材防水的一般规定

（1）卷材的铺贴方向

当屋面坡度小于3%时，卷材宜平行屋脊铺贴；当屋面坡度在3% ~ 16%时，卷材可平行或垂直屋脊铺贴；当屋面坡度大于16%或屋面受震动时，沥青防水卷材应垂直屋脊铺贴。高聚物改性沥青防水卷材和合成高分子防水卷材可平行或垂直屋脊铺贴，上、下层卷材不得相互垂直铺贴。

（2）卷材的铺贴方法

卷材防水层上有重物覆盖或基层变形较大时，应优先采用空铺法、点粘法、条粘法或机械固定法，但距离屋面周边800 mm内以及叠层铺贴的各层卷材之间应满粘；防水层采取满粘法施工时，找平层的分格缝处宜空铺，空铺的宽度宜为100 mm；卷材屋面的坡度不宜超过26%，当坡度超过26%时应马上采取防止卷材下滑的措施。

（3）卷材铺贴的施工顺序

屋面防水层施工时，应先做好节点、附加层和屋面排水比较集中等部位的处理，然后由屋面最低处向上进行。铺贴天沟、檐沟卷材时，宜顺天沟、檐沟方向，减少卷材的搭接。铺贴多跨和有高低跨的屋面时，应按先高后低、先远后近的顺序进行。等高的大面积屋面，先铺贴离上料地点较远的部位，后铺贴较近的部位。施工划分时，其界限宜设在屋脊、天沟、变形缝处。

（4）搭接方法和宽度要求

卷材铺贴应采用搭接法。相邻两幅卷材的接头还应相互错开300 mm以上，以免接头处多层卷材因重叠而导致黏结不实。叠层铺贴，上、下层两幅卷材的搭接缝也应错开1/3幅宽。当采用高聚物改性沥青防水卷材点粘或空铺时，两头部分必须全粘500 mm以上。平行于屋脊的搭接缝，应顺水流方向搭接；垂直于屋脊的搭接缝，应顺年最大频率风向搭接。叠层铺设的各层卷材，在天沟与屋面的连接处应采用交叉接法搭接，搭接缝应错开，接缝宜留在屋面或天沟侧面，不宜留在沟底。

2. 沥青防水卷材施工工艺

（1）基层清理

施工前清理干净基层表面的杂物和尘土，并保证基层干燥。干燥程度的建议检查方法是将卷材平坦地干铺在找平层上，静置3 ~ 4 h后掀开检查，找平层覆盖部位与卷材上未见水印，即可认为基层干燥。

（2）喷涂冷底子油

先将沥青加热熔化，使其脱水至不起泡为止，然后将热沥青倒入桶内，冷却至110℃，缓慢注入汽油，边注入边搅拌均匀。一般采用的冷底子油配合比（质量比）为60号道路石油沥青：汽油=30 ： 70；10号（30号）建筑石油沥青：轻柴油=50 ： 50。

冷底子油采用长柄棕刷进行涂刷，一般 1 ~ 2 遍成活，要求均匀一致，不得漏刷和出现麻点、气泡等缺陷；第二遍应在第一遍冷底子油干燥后再涂刷。冷底子油也可采用机械喷涂。

（3）油毡铺贴

油毡铺贴之前首先应拌制玛脂，常用的为热玛脂，其拌制方法为：按配合比将定量沥青破碎成80 ~ 100 mm的碎块，放在沥青锅里均匀加热，实时搅拌，并用漏勺及时捞清杂物，熬至脱水无泡沫时，缓慢加入预热干燥的填充料，同时不停地搅拌至规定温度，其加热温度不高于 240℃，实用温度不低于 190℃，制作好的热玛脂应在 8 h 之内用完。

油毡在铺贴前应保持干燥，其表面的撒布料应预先清扫干净，避免损伤油毡。在女儿墙、立墙、天沟、檐口、落水口、屋檐等屋面的转角处，均应加铺 1 ~ 2 层油毡附加层。

3. 高聚物改性沥青防水卷材施工工艺

（1）清理基层

基层要保证平整，无空鼓、起砂，阴阳角应呈圆弧形，坡度符合设计要求，尘土、杂物要清理干净，保持干燥。

（2）涂刷基层处理剂

基层处理剂是利用汽油等溶液稀释胶粘剂制成，应搅拌均匀，用长把滚刷均匀涂刷在基层表面上，涂刷时要均匀一致。

（3）高聚物改性沥青防水卷材施工

高聚物改性沥青防水卷材、施工，有冷粘法铺贴卷材热熔法铺贴卷材和自粘法铺贴卷材三种方法。

二、涂膜防水屋面

涂膜防水屋面是在屋面基层上涂刷防水涂料，经固化后形成一层有一定厚度和弹性的整体涂膜，进而达到防水目的的一种防水屋面形式。防水涂料的特点：防水性能好，固化后无接缝；施工操作简便，可适应各种复杂的防水基面；与基面黏结强度高；温度适应性强；施工速度快，易于修补等。

（一）材料要求

1. 进场防水涂料和胎体增强材料的抽样复验

（1）同一规格、品种的防水涂料，每 10 t 为一批，不足 10 t 者按一批进行抽样。胎体增强材料，每 3 000 m^2 为一批，不足 3 000 m^2 者按一批进行抽样。

（2）防水涂料和胎体增强材料的物理性能检验，全部指标达到标准规定时，即为合格。若有一项指标达不到要求，允许在受检产品中加倍取样进行该项复检；如复检结果仍不合格，则判定该产品为不合格。

2. 防水涂料和增强材料的储运、保管

（1）防水涂料包装容器必须密封，容器表面应标明涂料名称、生产厂名、执行标准号、生产日期和产品有效期，并分类存放。

（2）反应型和水乳型涂料储运和保管的环境温度不宜低于 5℃。

（3）溶剂型涂料储运和保管的环境温度不宜低于 0℃，并不得日晒、碰撞和渗漏；保管环境应干燥、通风，并远离火源；仓库内应设有消防设施。

（4）胎体增强材料储运、保管的环境应保持干燥、通风，并远离火源。

（二）涂膜防水屋面的施工

1. 基层清理

涂膜防水层施工前，先将基层表面的杂物、砂浆硬块等清扫干净，基层表面平整，无起砂、起壳、龟裂等现象。

2. 涂刷基层处理剂

基层处理剂常采用稀释后的涂膜防水材料，其配合比应根据不同防水材料按要求配置。涂刷时应涂刷均匀，完全覆盖。

3. 附加涂膜层施工

涂膜防水层施工前，在管根部、落水口、阴阳角等部位必须先做附加涂层，附加涂层的做法是：在附加层涂膜中铺设玻璃纤维布，用板刷涂刮驱除气泡，将玻璃纤维布紧密地贴在基层上，不得出现空鼓或折皱，可以多次涂刷涂膜。

4. 涂膜防水层施工

涂膜防水应根据防水涂料的品种分层分遍涂布，不得一次涂成；应待先涂的涂层干燥成膜后，方可涂后一遍涂料；需铺设胎体增强材料时，屋面坡度小于 15% 时可平行屋脊铺设，屋面坡度大于 15% 时应垂直屋脊铺设；胎体增强材料长边搭接宽度不应小于 50 mm，短边搭接宽度不应小于 70 mm；采用两层胎体增强材料时，上、下层不得相互垂直铺设，搭接缝应错开，其间距不应小于幅宽的 1/3。

涂膜防水层的厚度：高聚物改性沥青防水涂料，在屋面防水等级为Ⅱ级时，不应小于 3 mm；合成高分子防水涂料，在屋面防水等级为Ⅲ级时，不应小于 1.5 mm。

施工要点：防水涂膜应分层分遍涂布，第一层一般不需要刷冷底子油，待先涂的涂层干燥成膜后，方可涂布下一遍涂料。在板端、板缝、檐口与屋面板交接处，先干铺一层宽度为 150 ~ 300 mm 的塑料薄膜缓冲层。铺贴玻璃丝布或毡片应采用搭接法铺贴。

铺加衬布前，应先浇胶料并刮刷均匀，然后立即铺加衬布，再在上面浇胶料刮刷均匀，纤维不露白，用辊子滚压实，排尽布下空气。必须待上道涂层干燥后，方可进行后道涂料施工，干燥时间视当地温度和湿度而定，一般为 4 ~ 24 h。

5. 保护层施工

涂膜防水屋面应设置保护层。保护层材料可采用绿豆砂、云母、蛭石、浅色涂料、水泥砂浆、细石混凝土或块材等。当采用水泥砂浆、细石混凝土或块材保护层时，应在防水涂膜与保护层之间设置隔离层，以防止因保护层的伸缩变形，将涂膜防水层破坏而造成渗漏。当用绿豆砂、云母、蛭石时，应在最后一遍涂料涂刷后随即撒上，并用扫帚轻扫均匀、轻拍粘牢；当用浅色涂料作保护层时，应在涂膜固化后进行。

三、刚性防水屋面

刚性防水屋面用细石混凝土、块体材料或补偿收缩混凝土等材料作屋面防水层，依靠混凝土密实并采取一定的构造措施，以达到防水的效果。

刚性防水屋面所用材料虽然容易取得，价格低廉、耐久性好、维修方便，但是对地基不均匀沉降、温度变化、结构振动等因素都非常敏感，容易产生变形开裂，且防水层与大气直接接触，表面容易碳化和风化，如果处理不当，极易发生渗漏水现象，因此，刚性防水屋面适用于Ⅰ～Ⅲ级的屋面防水，不适用于设有松散材料保温层以及受较大振动或冲击的和坡度大于15%的建筑屋面。

（一）材料要求

（1）防水层的细石混凝土宜用普通硅酸盐水泥或硅酸盐水泥，不得使用火山灰质硅酸盐水泥；当采用矿渣硅酸盐水泥时，应采取减少泌水性的措施。

（2）防水层内配置的钢筋宜采用冷拔低碳钢丝。

（3）防水层的细石混凝土中，粗集料的最大粒径不宜大于15 mm，含泥量不应大于1%；细集料应采用中砂或粗砂，含泥量不应大于2%。

（4）防水层细石混凝土使用的外加剂，应根据不同品种的适用范围、技术要求选择。

（5）水泥储存时应防止受潮，存放期不得超过三个月。当超过存放期限时，应重新检验确定水泥强度等级。受潮结块的水泥不得继续使用。

（6）外加剂应分类保管，不得混杂，并应存放于阴凉、通风、干燥处。运输时应避免雨淋、日晒和受潮。

（二）刚性防水屋面施工

1. 基层要求

刚性防水屋面的结构层宜为整体现浇的钢筋混凝土。当屋面结构层采用装配式钢筋混凝土板时，应用强度等级不小于C20的细石混凝土灌缝，灌缝的细石混凝土宜掺加膨胀剂。当屋面板板缝宽度大于40 mm或上窄下宽时，板缝内必须设置构造钢筋，灌缝高度与板面平齐，板端缝应用密封材料进行嵌缝密封处理。

2. 隔离层施工

为了消除结构变形对防水层的不利影响，可将防水层和结构层完全脱离，在结构层和防水层之间增加一层厚度为 10 ～ 20 mm 的黏土砂浆，或者铺贴卷材隔离层。

第二节　地下建筑防水工程施工

地下工程常年受到各种地表水、地下水的作用，所以，地下工程的防渗漏处理比屋面防水工程要求更高，技术难度更大。地下工程的防水方案，应根据实际使用要求，全面考虑地质、地貌、水文地质、工程地质、地震烈度、冻结深度、环境条件、结构形式、施工工艺及材料来源等因素合理确定。

一、地下工程防水混凝土施工

（一）地下工程防水混凝土的设计要求

防水混凝土又称抗渗混凝土，是以改进混凝土配合比、掺加外加剂或采用特种水泥等手段提高混凝土密实性、憎水性和抗渗性，使其满足抗渗等级大于或等于 P6（抗渗压力为 0.6 MPa）要求的不透水性混凝土。

1. 防水混凝土抗渗等级的选择

由于建筑地下防水工程配筋较多，不允许出现渗漏，其防水要求一般高于水工混凝土，故防水混凝土抗渗等级最低定为 P6，一般多采用 P8，水池的防水混凝土抗渗等级不应低于 P6，重要工程的防水混凝土的抗渗等级宜定为 P8 ～ P20。

2. 防水混凝土的最小抗压强度和结构厚度

（1）地下工程防水混凝土结构的混凝土垫层，其抗压强度等级不应低于 C15，厚度不应小于 100 mm。

（2）在满足抗渗等级要求的同时，其抗压强度等级一般可控制在 C20 ～ C30 范围内。

（3）防水混凝土结构厚度须根据计算确定，但其最小厚度应根据部位、配筋情况及施工是否方便等因素确定。

3. 防水混凝土的配筋及其保护层

（1）设计防水混凝土结构时，应优先采用变形钢筋，配置应细而密，直径宜用 ϕ 8 ～ ϕ 25，中距 ≤ 200 mm，分布应尽可能均匀。

（2）钢筋保护层厚度，处在迎水面应不小于 35 mm ；当直接处于侵蚀性介质中时，保护层厚度不应小于 50 mm。

（3）在防水混凝土结构设计中，应按照裂缝展开进行验算。一般处于地下水及淡水中的混凝土裂缝的允许厚度，其上限可定为 0.2 mm；在特殊重要工程、薄壁构件或处于侵蚀性水中，裂缝允许宽度应控制在 0.1 ~ 0.15 mm；当混凝土在海水中并经受反复冻融循环时，控制应更严，可根据有关规定执行。

（二）防水混凝土的搅拌

（1）准确计算、称量用料量。严格按选定的施工配合比，准确计算并称量每种用料。外加剂的掺加方法应遵从所选外加剂的使用要求。水泥、水、外加剂掺合料计量允许偏差不应大于 ±1%；砂、石计量允许偏差不应大于 2%。

（2）控制搅拌时间。防水混凝土应采用机械搅拌，搅拌时间一般不少于 2 min，掺入引气型外加剂，则搅拌时间为 2 ~ 3 min，掺入其他外加剂应根据相应的技术要求确定搅拌时间。

（三）防水混凝土的浇筑

浇筑前，应将模板内部清理干净，木模用水湿润模板。浇筑时，若入模自由高度超过 1.5 m，则必须用串筒、溜槽或溜管等辅助工具将混凝土送入，以防出现离析和造成石子滚落堆积，影响质量。

在防水混凝土结构中有密集管群穿过处、预埋件或钢筋稠密处，浇筑混凝土有困难时，应采用相同抗渗等级的细石混凝土浇筑；预埋大管径的套管或面积较大的金属板时，应在其底部开设浇筑振捣孔，以利于排气、浇筑和振捣。

随着混凝土龄期的延长，水泥继续水化，内部可冻结水大量减少，同时水中溶解盐的浓度增加，因而冰点也会随龄期的增加而降低，使抗渗性能逐渐提高。为了保证早期免遭冻害，不宜在冬期施工，而应选择在气温为 15℃以上的环境中施工。因为气温在 4℃时，强度增长速度仅为 15℃时的 50%；而混凝土表面温度降到 -4℃时，水泥水化作用停止，强度也停止增长。如果此时混凝土强度低于设计强度的 50%，冻胀使内部结构遭到破坏，造成强度、抗渗性急剧下降。为防止混凝土早期受冻，北方地区对于施工季节的选择安排十分重要。

（四）防水混凝土的振捣

防水混凝土应采用混凝土振动器进行振捣。当用插入式混凝土振动器时，插点间距不宜大于振动棒作用半径的 1.5 倍，振动棒与模板的距离不应大于其作用半径的 0.5 倍。振动棒插入下层混凝土内的深度不应小于 50 mm，每一振点均应快插慢拔，将振动棒拔出后，混凝土会自然地填满插孔。当采用表面式混凝土振动器时，其移动间距应保证振动器的平板能覆盖已振实部分的边缘。混凝土必须振捣密实，每一振点的振捣延续时间应保证混凝土表面呈现浮浆和不再沉落。

施工时的振捣是保证混凝土密实性的关键，浇筑时必须分层进行，按顺序振捣。采用插入式振捣器时，分层厚度不宜超过 30 cm；用平板振捣器时，分层厚度不宜超过 20 cm。一般应在下层混凝土初凝前接着浇筑上一层混凝土。通常，分层浇筑的时间间隔不超过 2 h；

气温在30℃以上时不超过1 h。防水混凝土浇筑高度一般不超过1.5 m，否则应用串筒和溜槽或侧壁开孔的办法浇捣。振捣时，不允许采用人工振捣，必须采用机械振捣，做到不漏振、不欠振，又不重振、多振。防水混凝土密实度要求较高，振捣时间宜为10 ~ 30 s，直到混凝土开始泛浆和不冒气泡为止。掺引气剂、减水剂时应采用高频插入式振捣器振捣。振捣器的插入间距不得大于500 mm，贯入下层不得小于50 mm。这对保障防水混凝土的抗渗性和抗冻性更有利。

二、地下工程沥青防水卷材施工

（一）材料要求

（1）宜采用耐腐蚀油毡。油毡选用要求与防水屋面工程施工相同。

（2）沥青胶粘材料和冷底子油的选用、配制方法与石油沥青油毡防水屋面工程施工基本相同。沥青的软化点，应较基层及防水层周围介质可能达到的最高温度高出20℃ ~ 25℃，且不低于40℃。

（二）平面铺贴卷材

（1）铺贴卷材前，宜使基层表面干燥，先喷冷底子油结合层两道，然后根据卷材规格及搭接要求弹线，按线分层铺设。

（2）粘贴卷材的沥青胶粘材料的厚度一般为1.5 ~ 2.5 mm。

（3）卷材搭接长度，长边不应小于100 mm，短边不应小于150 mm。上、下两层和相邻两幅卷材的接缝应错开，上、下层卷材不得相互垂直铺贴。

（4）在平面与立面的转角处，卷材的接缝应留在平面上距立面不小于600 mm处。

（5）在所有转角处均应铺贴附加层。附加层应按加固处的形状仔细粘贴紧密。

（6）粘贴卷材时应展平压实。卷材与基层和各层卷材间必须黏结紧密，多余的沥青胶粘材料应挤出，搭接缝必须用沥青胶粘料仔细封严。最后一层卷材贴好后，应在其表面上均匀地涂刷一层厚度为1 ~ 1.5 mm的热沥青胶粘材料，同时撒拍粗砂，以促进形成防水保护层的结合层。

（三）立面铺贴卷材

（1）铺贴前宜使基层表面干燥，满喷冷底子油两道，干燥后即可铺贴。

（2）应先铺贴平面，后铺贴立面，平、立面交接处应加铺附加层。

（3）在结构施工前，应将永久性保护墙砌筑在与需防水结构同一垫层上。保护墙贴防水卷材面应先抹1 ∶ 3水泥砂浆找平层，干燥后喷涂冷底子油，干燥后即可铺贴油毡卷材。卷材铺贴必须分层，先铺贴立面，后铺贴平面，铺贴立面时应先铺转角，后铺大面；卷材防水层铺完后，应按规范或设计要求做水泥砂浆或混凝土保护层，一般在立面上应在涂刷防水层最后一层沥青胶粘材料时，粘上干净的粗砂，待冷却后，抹一层10 ~ 20 mm厚的1 ∶ 3水泥砂浆保护层；在平面上可铺设一层30 ~ 50 mm厚的细石混凝土保护层。

（四）采用外防外贴法铺贴卷材

（1）铺贴卷材应先铺平面、后铺立面，交接处应采用交叉搭接。

（2）临时性保护墙应用石灰砂浆砌筑，内表面应用石灰砂浆做找平层，并刷石灰浆。如用模板代替临时性保护墙时，应在其上涂刷隔离剂。

（3）从底面折向立面的卷材与永久性保护墙的接触部位，应采用空铺法施工。与临时性保护墙或围护结构模板接触的部位，应临时黏附在该墙上或模板上，卷材铺好后，其顶端应临时固定。

（4）当不设保护墙时，从底面折向立面的卷材的接槎部位应实施可靠的保护措施。

（5）主体结构完成后，铺贴立面卷材时，应先将接槎部位的各层卷材揭开，并将其表面清理干净，如卷材有局部损伤，应及时进行修补。卷材接槎的搭接长度，高聚物改性沥青卷材为 150 mm，合成高分子卷材为 100 mm。当使用两层卷材时，卷材应错槎接缝，上层卷材应盖过下层卷材。

三、水泥砂浆防水施工

水泥砂浆防水施工属刚性防水附加层的施工。如地下室工程虽然以混凝土结构自防水为主，可并不意味着其他防水做法不重要。因为大面积的防水混凝土难免会存在一些缺陷。另外，防水混凝土虽然不渗水，但透湿量还是相当大的，故对防水、防湿要求较高的地下室，还必须在混凝土的迎水面或背水面抹防水砂浆附加层。

水泥砂浆防水层所用的材料及配合比应符合规范规定。水泥砂浆防水层是由水泥砂浆层和水泥浆层交替铺抹而成，一般需做 4 ~ 5 层，其总厚度为 15 ~ 20 mm。施工时分层铺抹或喷射，水泥砂浆每层厚度宜为 5 ~ 10 mm，铺抹后应压实，表面提浆压光；水泥浆每层厚度宜为 2 mm。防水层各层间应紧密结合，并宜进行连续施工。如必须留设施工缝时，平面留槎采用阶梯坡形槎，接槎位置一般宜留设在地面上，也可留设在墙面上，但须离开阴阳角处 200 mm。

第三节　厨房、卫生间防水工程施工

住宅和公共建筑中穿过楼地面或墙体的上下水管道，供热、燃气管道一般都集中明敷在厨房间或卫生间，使本来就面积较小、空间狭窄的厕浴间和厨房间形状更加复杂，在这种条件下，如仍用卷材做防水层，则很难取得良好的效果。因为卷材在细部构造处需要剪口，形成大量搭接缝，很难封闭严密和黏结牢固，防水层难以连成整体，比较容易发生渗漏事故。因此，结合卫生间和厨房的特点，应用柔性涂膜防水层和刚性防水砂浆防水层，或两者复合的防水层，方能取得理想的防水效果。

一、厨房、卫生间地面防水构造与施工要求

（一）结构层

卫生间地面结构层宜采用整体现浇钢筋混凝土板或预制整块开间钢筋混凝土板。如设计，则板缝应用防水砂浆堵严，表面 20 mm 深处宜嵌填放沥青基密封材料，也可在板缝嵌填放水砂浆并抹平表面后附加涂膜防水层，即铺贴 100 mm 宽玻璃纤维布一层，涂刷两道沥青基涂膜防水层，其厚度不小于 2 mm。

（二）找坡层

地面坡度应严格根据设计要求施工，做到坡度准确、排水通畅。当找坡层厚度小于 30 mm 时，可用水泥混合砂浆（水泥：石灰：砂 =1 ：1.5 ：8）；当找坡层厚度大于 30 mm 时，宜用 1 ：6 水泥炉渣材料，此时炉渣粒径宜为 5 ~ 20 mm，要求严格过筛。

（三）找平层

要求采用 1 ：2.5 ~ 1 ：3 水泥砂浆，找平前清理基层并浇水湿润，但不得出现积水，找平时边扫水泥浆边抹水泥砂浆，做到压实、找平、抹光，水泥砂浆宜掺防水剂，以形成一道防水层。

（四）防水层

由于厨房、卫生间管道多，工作面小，基层结构复杂，故一般采用涂膜防水材料较为普遍。常用的涂膜防水材料有聚氨酯防水涂料、氯丁胶乳沥青防水涂料、SBS 橡胶改性沥青防水涂料等，应根据工程性质和使用标准选用。

（五）面层

地面装饰层按设计要求施工，一般采用 1 ：2 水泥砂浆、陶瓷马赛克和防滑地砖等。墙面防水层一般需做到 1.8 m 高，然后抹水泥砂浆或贴面砖（或贴面砖到顶）装饰层。

二、厨房、卫生间地面防水层施工

（一）施工准备

1. 材料准备

（1）进场材料复验

供货时必须有生产厂家提供的材料质量检验合格证。材料进场后，使用单位应对进场材料的外观进行检查，并做好记录。材料进场一批，应抽样复验一批。复验项目包括：拉伸强度、断裂伸长率、不透水性、低温柔性、耐热度。各地也可根据本地区主管部门的有关规定，适当增减复验项目。各项材料指标复验合格后，该材料方可用于工程施工。

（2）防水材料储存

材料进场后，设专人保管和发放。材料不能露天放置，必须分类存放在干燥通风的室内，并远离火源，严禁烟火。水溶性涂料在 0℃以上储存，受冻后的材料不能用于工程施工。

2. 机具准备

一般应备有配料用的电动搅拌器、拌料桶、磅秤，涂刷涂料用的短把棕刷、油漆毛刷、滚动刷，油漆小桶、油漆嵌刀、塑料或橡皮刮板，铺贴胎体增强材料用的剪刀、压碾辊等。

3. 基层要求

（1）对卫生间现浇混凝土楼面必须振捣密实，随抹压光，形成一道自身防水层，这是十分重要的。

（2）穿楼板的管道孔洞、套管周围缝隙用掺膨胀剂的绿豆砂细石混凝土浇灌严实抹平，孔洞较大的，应吊底模浇灌。禁用碎砖、石块堵填。一般单面临墙的管道，距离墙体应不小于 50 mm；双面临墙的管道，一边距离墙体不小于 50 mm，另一边距离墙体不小于 80 mm。

（3）为保证管道穿楼板孔洞位置准确和灌缝质量，可采用手持金刚石薄壁钻机钻孔。经应用测算，这种方法的成孔和灌缝比芯模留孔方法的效率高 1.5 倍。

（4）在结构层上做厚 20 mm 的 1 ∶ 3 水泥砂浆找平层，作为防水层基层。

（5）基层必须平整、坚实，表面平整度用 2 m 长直尺检查，基层与直尺间最大间隙不应大于 3 mm。基层有裂缝或凹坑，用 1 ∶ 3 水泥砂浆或水泥胶腻子修补平滑。

（6）基层所有转角做成半径为 10 mm 均匀一致的平滑小圆角。

（7）所有管件、地漏或排水口等部位，必须就位正确，安装牢固。

（8）基层含水率应符合各种防水材料对含水率的要求。

4. 劳动组织

为保证工程质量，应由专业防水施工队伍施工，一般民用住宅厕浴间的防水施工以 2 ~ 3 人为一组较合适。操作工人要穿工作服、戴手套、穿软底鞋操作。

（二）聚氨酯防水涂料施工

1. 施工程序

清理基层→涂刷基层处理剂→涂刷附加增强层防水涂料→涂刮第一遍涂料→涂刮第二遍涂料→涂刮第三遍涂料→第一次蓄水试验→稀撒砂粒→质量验收→饰面层施工→第二次蓄水试验。

2. 操作要点

（1）清理基层

将基层清扫干净；基层应做到找坡正确，排水顺畅，表面平整、坚实，无起灰、起砂、起壳及开裂等现象。涂刷基层处理剂前，基层表面应达到干燥状态。

（2）涂刷基层处理剂

将聚氨酯与二甲苯按规定的比例配合搅拌均匀即可使用。先在阴阳角、管道根部用滚动刷或油漆刷均匀涂刷一遍，然后大面积涂刷，材料用量为 0.15 ~ 0.2 kg/m^2。涂刷后干燥 4 h 以上，才能进行下一道工序施工。

（3）涂刷附加增强层防水涂料

在地漏、管道根、阴阳角和出入口等容易漏水的薄弱部位，应先用聚氨酯防水涂料按规定的比例配合，均匀涂刮一次做附加增强层处理。根据设计要求，细部构造也可按带胎体增强材料的附加增强层处理。胎体增强材料宽度为 300 ~ 500 mm，搭接缝为 100 mm，施工时，需边铺贴平整，边涂刮聚氨酯防水涂料。

（4）涂刮第一遍涂料

将聚氨酯防水涂料按规定的比例混合，开动电动搅拌器，搅拌 3 ~ 5 min，用胶皮刮板均匀涂刮一遍。操作时要保证厚薄一致，用料量为 0.8 ~ 1.0 kg/m^2，立面涂刮高度不应小于 100 mm。

（5）涂刮第二遍涂料

待第一遍涂料固化干燥后，要按相同方法涂刮第二遍涂料。涂刮方向应与第一遍相垂直，用料量与第一遍相同。

（6）涂刮第三遍涂料

待第二遍涂料涂膜固化后，再按上述方法涂刮第三遍涂料，用料量为 0.4 ~ 0.5 kg/m^{2}施工程序。

三、厨房、卫生间渗漏及堵漏措施

厨房、卫生间用水频繁，只要防水处理不当就会发生渗漏。渗漏主要表现在楼板管道滴漏水、地面积水、墙壁潮湿渗水，甚至下层顶板和墙壁也出现滴水等现象。治理卫生间的渗漏，必须先查找渗漏的部位和原因，然后采取有效的针对性措施。

（一）板面及墙面渗水

1. 渗水原因

板面及墙面渗水的主要原因是：混凝土、砂浆施工的质量不良，在其表面存在微孔渗漏；板面、隔墙出现轻微裂缝；防水涂层施工质量不好或损坏。

2. 处理方法

首先，将厨房、卫生间渗漏部位的饰面材料拆除，在渗漏部位涂刷防水涂料进行处理。但拆除厨房、卫生间后，发现防水层存在开裂现象时，则应对裂缝先进行增强防水处理，再涂刷防水涂料。其增强处理一般可采用贴缝法、填缝法和填缝加贴缝法。贴缝法主要适用于微小的裂缝，可刷防水涂料并加贴纤维材料或布条，做防水处理。填缝法主要用于较显著的裂缝，施工时要先进行扩缝处理，将缝扩成 15 mm × 15 mm 左右的 V 形槽，清理干净后刮填缝材料。填缝加贴缝法除采用填缝方法处理外，还应在缝的表面再涂刷防水涂料，并粘纤维材料处理。当渗漏不严重时，饰面板拆除困难，也可直接在其表面刮涂透明或彩色聚氨酯防水涂料。

（二）卫生洁具及穿楼版管道、排水管等部位渗漏

1. 渗漏原因

卫生洁具及穿楼板管道、排水管口等部位发生渗漏的原因主要是细部处理方法不当，卫生洁具及管口周围填塞不严；管口连接件老化；由于振动及砂浆、混凝土收缩等原因，出现裂缝；卫生洁具及管口周边未用弹性材料处理，或施工时嵌缝材料及防水涂料黏结不牢；嵌缝材料及防水涂层被拉裂或拉离黏结面。

2. 处理方法

先将漏水部位及周围清理干净，再填塞弹性嵌缝材料，或在渗漏部位涂刷防水涂料并粘贴纤维材料进行增强处理。如渗漏部位在管口连接部位，管口连接件老化现象比较严重，则可直接更换老化管口的连接件。

第四章　墙体的节能设计与施工技术

第一节　外墙节能技术

一、节能墙体系统构成

在冬季，为了保持室内温度，建筑物必须及时获得热量。建筑物的总的热量包括采暖设备的供热（占 70% ~ 75%）、太阳辐射得热（通过窗户和围护结构进入室内，占 15% ~ 20%）和建筑物内部得热（包括炊事、照明、家电和人体散热，占 8% ~ 12%）。这些热量再通过围护结构（包括外墙、屋顶和门窗等）的传热和空气渗透向外散失。建筑物的总失热包括围护结构的传热耗热量（占 70% ~ 80%）和通过门窗缝隙的空气渗透耗热量（占 20% ~ 30%）。当建筑物的总得热和总失热达到平衡时，室温得以保持。在夏季，建筑物内外温差较小，为了达到室内所要求的空气温度，室内空气必须进行降温处理。室内空调设备制冷量应等于围护结构的传热得热量和通过门窗缝隙的空气渗透得热量。因此，对于建筑物来说，节能的主要途径是：减少建筑物外表面积和加强围护结构保温，以减少冬季和夏季的传热量；提高门窗的气密性，以减少冬季空气渗透耗热量和夏季空气渗透得热量。在减少建筑物总失热或得热量的前提下，尽量利用太阳辐射得热和建筑物内部得热，最终达到节约能源的效果。根据工程实践及经验，改进建筑围护结构热工性能是建筑节能改造的关键，而提高围护结构热工性能的有效途径首推外墙保温技术。

近年来，在建筑保温技术不断发展的过程中，主要形成了外墙外保温和外墙内保温等技术形式。

（一）外墙内保温

外墙内保温是在外墙结构的内部加做保温层，在外墙内表面使用预制保温材料粘贴、拼接、抹面或直接做保温砂浆层，以实现保温目的。外墙内保温在我国应用时间较长，施工技术及检验标准比较完善。外墙内保温材料蓄热能力低，当室内采用间歇式的采暖或间歇式空调时，可以使室内温度较快调整到所需的温度，适用于冬季不是太冷地区建筑的保温隔热。

1. 主要外墙内保温体系

常见的外墙内保温体系包括以下几种：

（1）在外墙内侧粘贴块状保温板，如膨胀聚苯板（EPS 板）、挤塑聚苯板（XPS 板）、石墨改性聚苯板、热固改性聚苯板等，并在表面抹保护层，如聚合物水泥胶浆、粉刷石膏等。

（2）在外墙内侧粘贴复合板（保温材料：EPS/XPS/ 石墨改性聚苯板等，复合面层：纸面石膏板、无石棉硅酸钙板、无石棉纤维水泥平板等）。

（3）在外墙内侧安装轻钢龙骨固定保温材料（如:玻璃棉板、岩棉板、喷涂聚氨酯等）。

（4）在外墙内侧抹浆料类保温材料（如：玻化微珠保温砂浆、胶粉聚苯颗粒等）。

（5）现场喷涂类系统（如喷涂纤维保温系统、喷涂聚氨酯系统）。

2. 外墙内保温的优点

内保温在技术上较为简单、施工方便（无须搭建脚手架），对建筑物外墙垂直度要求不高，具有施工进度快、造价相对较低等优点，在工程中常被采用。

3. 外墙内保温的缺点

结构热桥的存在容易造成局部结露，从而造成墙面发霉、开裂。同时，由于外墙未做外保温，受到昼夜室内外温差变化幅度较大的影响，热胀冷缩现象特别明显，在这种反复变化的应力作用下，内保温体系始终处于不稳定的状态，极易发生空鼓和开裂现象。

（二）外墙外保温

外墙外保温是在主体墙结构外侧，在黏结材料的作用下固定一层保温材料，并在保温材料的外侧用玻璃纤维网加强并涂刷黏结浆料，从而达到保温隔热的效果。目前我国对外墙外保温技术的研究开发已较为成熟，外墙外保温技术可分为 EPS 板薄抹灰外墙外保温系统、胶粉 EPS 颗粒保温浆料外墙外保温系统、EPS 板现浇混凝土外墙外保温系统、EPS 钢丝网架板现浇混凝土外墙外保温系统、机械固定 EPS 钢丝网架板外墙外保温系统五大类。《硬泡聚氨酯保温防水工程技术规范》将硬泡聚氨酯外墙外保温工程纳入其中。近几年，外墙外保温技术发展迅速，岩棉外墙外保温系统、XPS 板外墙外保温系统、预制保温板外墙外保温系统、保温装饰一体化外墙外保温系统、夹芯外墙外保温系统等应运而生。外墙外保温技术不是几种材料的简单组合，而是一个有机结合的系统。外墙外保温技术体系融保温材料、黏结材料、耐碱玻纤网格布、抗裂材料、腻子、涂料、面砖等材料于一体，通过一定的技术工艺和做法集合而成。一般分为六层或七层，其中保温材料又可分为模塑聚苯板、挤塑聚苯板、聚氨酯等多种材料；黏结材料一般由胶粘剂、水泥、石英砂组成，按拌和方式分为双组分、单组分砂浆，按使用位置不同，按一定比例组合可成黏结砂浆、抗裂砂浆；面层根据需要，可以是涂料、面砖等；外墙外保温构造形式可分为薄抹灰外墙外保温系统、预制面层外墙外保温系统、有网现浇外墙外保温系统、无网现浇外墙外保温系统等多种形式，各种材料的组合形成不同的外墙外保温构造，外墙外保温系统的质量不仅仅取决于各种材料的质量，而且更取决于各种材料是否相互融合。

1. 主要墙体外保温体系

（1）膨胀聚苯板（EPS板）薄抹灰外墙外保温系统

膨胀聚苯板（EPS板）是以聚苯乙烯树脂为主要原料，经发泡剂发泡而成的、内部具有无数封闭微孔的材料。其特点是综合投资低、防寒隔热、热工性能高、吸水率低、保温性好、隔声性好、没有冷凝点、对建筑主体长期保护。但其燃点低、烟毒性高、防火性能差、自身强度不高。因其优势突出，在近2年的市场中，许多保温材料生产厂家对EPS保温板进行技术改良，极大地提升了其防火性能。

膨胀聚苯板（EPS板）薄抹灰外墙外保温系统主要由胶粘剂（黏结砂浆）、EPS保温板（模塑聚苯乙烯泡沫塑料板）、抹面胶浆（抗裂砂浆）、耐碱网格布以及饰面材料（耐水腻子、涂料）构成，施工时可利用锚栓进行辅助固定。

EPS板宽度不宜大于1200 mm，高度不宜大于600 mm。EPS板薄抹灰系统的基层表面应清洁，无油污、脱模剂等妨碍黏结的附着物。凸起、空鼓和疏松部位应剔除并找平。找平层应与墙体黏结牢固，不得有脱层、空鼓、裂缝，面层不得有粉化、起皮、爆灰等现象。粘贴EPS板时，应将胶粘剂涂在EPS板背面，涂胶粘剂面积不得小于EPS板面积的40%。EPS板应按顺砌方式粘贴，竖缝应逐行错缝。EPS板应粘贴牢固，不得有松动和空鼓现象。墙角处EPS板应交错互锁。门窗洞口四角处EPS板不得拼接，应采用整块EPS板切割，EPS板接缝应离开角部至少200 mm。

（2）挤塑聚苯板（XPS板）薄抹灰外墙外保温系统

作为膨胀聚苯板薄抹灰外墙外保温系统技术的延伸发展，近年来以XPS板（挤塑聚苯乙烯泡沫塑料板）作为保温层的XPS板薄抹灰外墙外保温系统，也在工程中得到了大量应用，并且在瓷砖饰面系统中用量较大。

挤塑聚苯板是以XPS板为保温材料，采用粘钉结合的方式将XPS板固定在墙体的外表面上，聚合物胶浆为保护层，以耐碱玻璃纤维网格布为增强层，外饰面为涂料或面砖的外墙外保温系统。其特点是综合投资低、防寒隔热、热工性能略好于EPS，保温效果好、隔声好，对建筑主体长期保护，可提高主体结构耐久性，避免墙体产生冷桥，防止出现发霉。缺点是燃点低，防火性能较差，需设置防火隔离带，施工工艺要求较高，一旦墙面发生渗漏水，难以修复，其透气性极差，烟毒性高。目前XPS板材在我国外墙外保温的市场份额逐渐增大，但将其应用于外墙外保温系统时，应当解决XPS板材的可黏结性、尺寸稳定性、透气性以及耐火性等。

对于XPS板薄抹灰外墙外保温系统的使用一定要有严格的质量控制措施，如严格控制陈化时间，严禁用再生料生产XPS板，XPS板双面要喷刷界面剂等。

（3）胶粉聚苯颗粒保温浆料外墙外保温系统

胶粉聚苯颗粒保温浆料外墙外保温系统以及类似技术的无机保温浆料（如玻化微珠、膨胀珍珠岩、蛭石等）外墙外保温系统，以胶粉聚苯颗粒保温浆料或无机保温浆料作为保温层，可直接在基层墙体上施工，整体性好，无须胶粘剂粘贴，但基层墙体必须喷刷界面砂浆，以增加其黏结力。

胶粉聚苯颗粒保温浆料与无机保温浆料的燃烧性能要优于 EPS/XPS 板，防火性能好；不利之处是产品导热系数大，很难满足更高的节能要求。另外，浆料类保温材料吸水率高、干缩变形大，湿作业施工后浆料的各项技术指标与理论计算数据或实验室测得数据有较大差异。这种做法若达到计算保温层厚度的要求，施工遍数多、难度大、工期长、费用高，极易出现偷工减料的情况，严重影响工程质量和保温效果，难以达到建筑节能设计标准的要求。

（4）EPS 板现浇混凝土外墙外保温系统

以现浇混凝土外墙作为基层，EPS 板为保温层。EPS 板内表面（与现浇混凝土接触的表面）沿水平方向开有矩形齿槽，内、外表面均满涂界面砂浆。施工时将 EPS 板置于外模板内侧，并安装锚栓作为辅助固定件。浇灌混凝土后，墙体与 EPS 板及锚栓结合为一体。EPS 板表面抹抗裂砂浆薄抹面层，薄抹面层中满铺玻纤网，外表以涂料为饰面层。

无网现浇系统 EPS 板两面必须预先喷刷界面砂浆。锚栓每平方米宜设 2 ~ 3 个。水平抗裂分隔缝宜按楼层设置。垂直抗裂分隔缝宜按墙面面积设置，在板式建筑中不宜大于 30 m^2，在塔式建筑中可视具体情况而定，宜留在阴角部位。应采用钢制大模板方式进行施工。混凝土一次浇筑高度不宜大于 1 m，混凝土需振捣密实均匀，墙面及接茬处应光滑、平整。混凝土浇筑后，EPS 板表面局部不平整处宜抹胶粉 EPS 颗粒保温浆料修补和找平，修补和找平处厚度不得大于 10 mm。

（5）EPS 钢丝网架板现浇混凝土外墙外保温系统

以现浇混凝土外墙作为基层，EPS 单面钢丝网架板置于外模板内侧，并安装钢筋作为辅助固定件。浇灌混凝土后，EPS 单面钢丝网架板挑头钢丝和 ϕ 6 钢筋与混凝土结合为一体。EPS 单面钢丝网架板表面抹掺外加剂的水泥砂浆形成抗裂砂浆厚抹面层，外表做饰面层。以涂料为饰面层时，应加抹玻纤网抗裂砂浆薄抹面层。

EPS 单面钢丝网架板每平方米斜插腹丝不得超过 200 根，斜插腹丝应为镀锌钢丝，板两面应预先喷刷界面砂浆。有网现浇系统 EPS 钢丝网架板厚度、每平方米腹丝数量和表面荷载值应通过试验确定。EPS 钢丝网架板构造设计和施工安装应考虑现浇混凝土侧压力影响，抹面层厚度应均匀，钢丝网应完全包覆于抹面层中。ϕ 6 钢筋每平方米宜设 4 根，锚固深度不得小于 100 mm。混凝土一次浇筑高度不宜大于 1 m，混凝土需振捣密实均匀，墙面及接茬处应保持光滑、平整。

（6）机械固定 EPS 钢丝网架板外墙外保温系统

机械固定系统由机械固定装置、腹丝非穿透型 EPS 钢丝网架板、抹掺外加剂的水泥砂浆形成的抗裂砂浆厚抹面层和饰面层构成。以涂料为饰面层时，应加抹玻纤网抗裂砂浆薄抹面层。机械固定系统不适用于加气混凝土和轻集料混凝土基层。

腹丝插入 EPS 板中深度不应小于 35 mm，未穿透厚度不应小于 15 mm。腹丝插入角度应保持一致，误差不应大于 3 度。板两面应预先喷刷界面砂浆。钢丝网与 EPS 板表面净距不应小于 10 mm。

（7）喷涂硬泡聚氨酯外墙外保温系统

喷涂硬泡聚氨酯外墙外保温系统采用现场发泡、现场喷涂的方式，将硬泡聚氨酯（PU）喷于外墙外侧，一般由基层、防潮底漆层、现场喷涂硬泡聚氨酯保温层、专用聚氨酯界面剂层、抗裂砂浆层、饰面层构成。

其特点是防水保温一体化，连续喷涂无接缝，施工速度快；能够彻底解决墙体防水保温问题，性价比很高；聚氨酯是常用保温材料里热工性能最好的材料，其质量轻、保温效果好、隔声效果好、耐老化，对建筑主体有长期的保护作用，能提高主体结构的耐久性。缺点是防火性能较差，大多数情况下根据相关规定及规范需设置防火隔离带。但聚氨酯是热固性材料，系统形成后系统的防火性能要远远优于 EPS（XPS）薄抹灰外墙外保温系统，系统构造措施合理时系统的防火等级可达到 A 级；现场喷涂，受气候条件影响较大，尤其在低温时系统的造价有显著的提高。

（8）保温装饰一体化外墙外保温系统

保温装饰一体化外墙外保温系统是近年来逐渐兴起的一种新的外墙外保温做法，它的核心技术特点，就是通过工厂预制成型等技术手段，将保温材料与面层保护材料（同时带有装饰效果）复合而成，具有保温和装饰双重功能。施工时可采用聚合物胶浆粘贴、聚合物胶浆粘贴与锚固件固定相结合、龙骨干挂或锚固等方法。

保温装饰一体化外墙外保温系统的产品构造形式多样：保温材料可是 XPS、EPS、PU 等有机泡沫保温材料，也可以是无机保温板。面层材料主要有天然石材（如大理石等）、彩色面砖、彩绘合金板、铝塑板、聚合物砂浆 + 涂料或真石漆、水泥纤维压力板（或硅钙板）+ 氟碳漆等。复合技术一般采用有机树脂胶粘贴加压成型，或聚氨酯直接发泡粘贴，也有采用聚合物砂浆直接复合的。

保温装饰一体化外墙外保温系统具有采用工厂化标准状态下预制成型、产品质量易控制、产品种类多样、装饰效果丰富、可满足不同外墙的装饰要求，同时具有施工便利、工期短、工序简单、施工质量有保障等优点。

另外，保温装饰一体化外墙外保温系统多为块体、板体结构，现场施工时，存在嵌缝、勾缝等技术问题，嵌缝、勾缝材料与保温材料、面层保护材料的适应性以及嵌缝、勾缝材料本身的耐久性都是决定保温装饰一体化外墙外保温系统成败的关键。

（9）其他外墙外保温体系

1）岩棉板保温系统

以岩棉为主作为外墙外保温材料与混凝土浇筑一次成型或采用钢丝网架机械锚固件进行岩棉板锚固。岩棉是一种来自天然矿物、无毒无害的绿色产品，后经工业化高温熔炼成丝的产品。其防火性能好、耐久性好，尤其适用于防火等级要求高的建筑。目前岩棉在墙体保温应用中存在的主要问题是材料本身的强度小，施工性较差，特别是岩棉吸水、受潮后就会严重影响其保温效果，甚至出现墙体霉变、空鼓脱落现象，因此对施工的工艺要求较高。

2）酚醛板外墙外保温体系

所用主体材料酚醛板遇到明火会表面碳化，隔离热源，不产生有毒气体、不产生粉尘，并且在无明火情况下，酚醛板材不会自燃。此系统防寒隔热、热工性能高、保温效果好、耐久性好、隔声效果好，保温材料本身的防火等级为B1级，100 m高度内住宅建筑无须设置防火隔离带。主要缺点是酚醛板应用技术不够成熟、完善，且无相关规范及性能指标；综合造价较高。

3）泡沫玻璃保温系统

泡沫玻璃是由碎玻璃、发泡剂、改性添加剂等，经过细粉碎和均匀混合后，再经过高温熔化、发泡、退火制成。泡沫玻璃是一种性能优越、绝热防潮、防火保温的装饰材料，A级不燃烧与建筑物同寿命。目前最大问题是成本极高，降低成本成为其进一步推广应用的关键。

4）发泡陶瓷保温板保温系统

发泡陶瓷保温板是以陶土尾矿、陶瓷碎片、河道淤泥、掺加料等作为主要原料，采用先进的生产工艺和发泡技术经高温焙烧而成的高气孔率的闭孔陶瓷材料。产品适用于工业耐火保温、建筑外墙防火隔离带、建筑自保温冷热桥处理等场合。产品防火阻燃，变形系数小，抗老化，性能稳定，生态环保性好，与墙基层和抹面层相容性好，安全稳固性好，可与建筑物同寿命。更重要的是材料防火等级为A1级，克服了有机材料怕明火、易老化的致命弱点，填补了建筑无机防火保温材料的国内空白，但其保温性能欠缺，不能单独用于外墙保温。

2. 墙体外保温体系的优点

（1）提高主体结构的耐久性

采用外墙外保温时，内部的砖墙或混凝土墙将受到保护。室外气候不断变化引起墙体内部较大的温度变化发生在外保温层内，使内部的主体墙冬季温度提高，湿度降低，温度变化较为平缓，热应力减少，因而主体墙产生裂缝、变形、破损的危害大为减轻，寿命得以大大延长。大气破坏力如雨、雪、冻、融、干、湿等对主体墙的影响也会大大削弱。事实证明，只要墙体和屋面保温材料选择适当，厚度合理，施工质量好，外保温可有效防止和减少墙体和屋面的温度变形，从而有效地提高主体结构的耐久性。

（2）改善人居环境的舒适度

在进行外保温后，由于内部的实体墙热容量大，室内能蓄存更多的热量，使诸如太阳辐射或间歇采暖造成的室内温度变化减缓，室温较为稳定，生活较为舒适；也使太阳辐射得热、人体散热、家用电器及炊事散热等因素产生的“自由热”得到较好的利用，有利于节能。而在夏季，外保温层能减少太阳辐射热的进入和室外高气温的综合影响，使外墙内表面温度和室内空气温度得以降低。可见，外墙外保温有利于使建筑冬暖夏凉。室内居民实际感受到的温度即为室内温度。而通过外保温提高外墙内表面温度使室内的空气温度有所降低，也能得到舒适的热环境。由此可见，在加强外墙外保温、保持室内热环境质量的前提下，适当降低室温，可以减轻采暖负荷，节约能源。

（3）可以避免墙体产生热桥

外墙既要承重又要起保温作用，外墙厚度必然较厚。采用高效保温材料后，墙厚可以减薄。但如果采用内保温，主墙体越薄，保温层越厚，热桥的问题就越趋于严重。在寒冷的冬天，热桥不仅会造成额外的热损失，还可能使外墙内表面潮湿、结露，甚至发生霉变和淌水，而外保温则可以避免这种问题出现。由于外保温避免了热桥，在采用同样厚度的保温材料条件下，外保温要比内保温的热损失减少，进而节约了热能。

（4）可以减少墙体内部结露的可能性

外保温墙体的主体结构温度高，所以相应的饱和蒸汽压高，不易使墙体内部的水蒸气凝结成水，而内保温的情况正好相反，在主体结构与保温材料的交接处易产生结露现象，降低了保温效果，还会因冻融造成结构的破坏。

（5）优于内保温的其他功能

第一，采用内保温的墙面上难以吊挂物件，甚至设置窗帘盒、散热器都相当困难。在旧房改造时，存在使用户增加搬动家具、施工扰民，甚至临时搬迁等诸多麻烦，产生不必要的纠纷，还会因此减少使用面积，外保温则可以避免这些问题的发生。

第二，我国目前许多住户在入住新房时，先进行装修。而装修时，房屋内保温层往往遭到破坏。采用外保温则不存在这个问题。外保温有利于加快施工进度。如果采用内保温，房屋内部装修、安装暖气等作业，必须等待内保温做好后才能进行。但采用外保温，则可与室内工程平行作业。

第三，外保温可以使建筑更美观，只要做好建筑的立面设计，建筑外貌会十分出色。特别在旧房改造时，外保温能使房屋面貌大为改观。

第四，外保温适用范围十分广泛。既适用于采暖建筑，又适用于空调建筑；既适用于民用建筑，又适用于工业建筑；既可用于新建建筑，又可用于既有建筑；既能在低层、多层建筑中应用，又能在中高层、高层建筑中应用；既适用于寒冷和严寒地区，又适用于夏热冬冷地区和夏热冬暖地区。

第五，外保温的综合经济效益很高。虽然外保温工程每平方米造价比内保温工程相对要高一些，但技术选择适宜，单位面积造价高得并不多。特别是由于外保温比内保温增加了使用面积近 2%，实际上使单位使用面积造价得到降低。

3. 墙体外保温体系的缺点

由于外保温具有以上的优点，所以外墙外保温技术在许多国家得到长足发展。现在，在一些国家，往往有几十种外墙外保温体系争奇斗艳，使其保温效果越来越好，建筑质量日益提高。但是，外墙外保温结构的保温层与外界环境直接接触，没有主体结构的保护，这就产生了很多影响保温层的保温效果和寿命的问题。只有充分了解和掌握外墙外保温的这些薄弱环节，才能使外墙外保温的优点体现出来，从而促进外墙外保温技术的进一步发展。

（1）防火问题

尽管保温层处于外墙外侧，尽管采用了自熄性聚苯乙烯板，防火处理仍不容忽视。在房屋内部发生火灾时，大火仍然会从窗户洞口往外燃烧，波及窗口四周的聚苯保温层，如果没有相当严密的防护隔离措施，很可能会造成火灾灾害，火势在外保温层内蔓延，导致将整个保温层烧掉。

（2）抗风压问题

越是建筑高处，风力越大，特别是在背风面上产生的吸力，有可能将保温板吸落。因此，对保温层应有十分可靠的固定措施。要计算当地不同层高处的风压力，以及保温层固定后所能抵抗的负风压力，并按标准方法进行耐负风压检测，以保证在最大风荷载时保温层不致脱落。

（3）贴面砖脱落问题

所有的面砖黏结层必须能经受住多年风雨侵蚀、温度变化而始终保持牢固，否则个别面砖掉落伤人，后果将不堪设想。

（4）墙体外表面裂缝及墙体潮湿问题

外保温面层的裂缝是保温建筑的质量通病中的重症，防裂是墙体外保温体系要解决的关键技术之一，因为一旦保温层、保护层发生开裂，墙体保温性能就会发生很大的变化，非但满足不了设计的节能要求，甚至会危及墙体的安全。保温墙体裂缝的存在，降低了墙体的质量，如整体性、保温性、耐久性和抗震性能。

（三）外墙自保温

外墙自保温是指墙体自身的材料具有节能阻热的功能，通过选择合适的保温材料和墙体厚度的调整即可达到节能保温的效果。常见的自保温材料有：蒸汽加压混凝土、页岩烧结空心砌块、陶粒自保温砌块、泡沫混凝土砌块、轻型钢丝网架聚苯板等。

1. 墙体自保温的优点

外墙自保温体系的优点是将围护结构和保温隔热功能结合，无须附加其他保温隔热材料，能满足建筑的节能标准，同时外墙自保温体系的构造简单、技术成熟、省工省料，与外墙其他保温系统相比，无论在价格上还是技术复杂程度上都有明显的优势，建筑全寿命周期内的维护成本费用更低。

2. 墙体自保温的缺点

虽然外墙自保温体系具有许多优势，但就像其他的新兴技术一样，在其广泛应用之前都会存在一些细节问题，诸如自保温体系的设计标准、施工规程以及新型的自保温材料的开发和性能改进。

（四）墙体夹芯保温

外墙夹芯保温技术是将保温材料设置在外墙中间，有利于较好地发挥墙体本身对外界环境的防护作用，做法就是将墙体分为承重和保护部分，中间留一定的空隙，内填无机松散或块状保温材料如炉渣、膨胀珍珠岩等，也可不填材料做成空气层。对保温材料的材质要求不高，施工方便，但墙体较厚，减少使用面积。采用夹芯保温时，圈梁、构造柱由于一般是实心的，难以及时处理，极易产生热桥，保温材料的效能得不到充分发挥。由于填充保温材料的沉降、粉化等原因，内部易形成空气对流，也降低了保温效果。在非严寒地区，采用夹芯保温的外墙与传统墙体相比偏厚。因内外侧墙体之间需有连接件连接，构造较传统墙体复杂，施工相对比较困难。夹芯保温墙体的抗震性能比较差，建筑高度受到限制。因保温材料两侧的墙体存在很大的温度差，会引发内外墙体比较大的变形差，进而会使墙体多处发生裂缝及雨水渗漏，破坏建筑物主体结构。此种墙体有一定的保温性能，但其缺点也是非常明显的，其应用范围受到很大的约束。

（五）墙体内外组合保温

内外组合保温是指，在外保温操作方便的部位采用外保温，外保温操作不便的部位采用内保温。

内外组合保温从施工操作上看，能够有效提高施工速度，对外墙内保温不能保护到的热桥部分进行了有效的保护，使建筑物处于保温中。然而，外保温做法使墙体主要受室温影响，产生的温差变形较小；内保温做法使墙体主要受室外温度影响，因而产生的温差变形也就较大。

采用内外保温结合的组合保温方式，容易使外墙的不同部位产生不同速度和尺寸的变形，使结构处于更加不稳定状态，经年温差必将引起结构变形、产生裂缝，从而缩短建筑物的寿命。因此，内外混合保温做法结构要谨慎运用。

二、自保温墙体

（一）自保温墙体

1. 墙体保温现状

目前建筑市场上主流的外墙保温做法有四种：外墙外保温、外墙内保温、夹芯墙、混凝土复合保温砌块砌体。

外墙外保温是在主体墙（钢筋混凝土、砌块等）外面粘挂 XPS（绝热用挤塑聚苯乙烯泡沫塑料）、EPS（绝热用模塑聚苯乙烯泡沫塑料）、岩棉、喷涂聚氨酯等导热系数低的高效保温材料，以减小墙体传热系数来满足要求。除了这几种外保温构造形式，还有 FS 外模板现浇混凝土复合保温技术（即免拆模外保温复合板技术）、EPS 单面钢丝网架现浇混凝土外保温体系、EPS 单面钢丝网架机械固定外保温体系等几种做法。

FS外模板现浇混凝土复合保温系统（免拆模复合保温板技术）是以水泥基双面层复合保温板为永久性外模板，内侧浇筑混凝土，外侧抹抗裂砂浆保护层，通过连接件将双面层复合保温模板与混凝土牢固连接在一起而形成的保温结构体系。该体系属于现浇钢筋混凝土复合保温结构体系，适用于工业与民用建筑框架结构、剪力墙结构的外墙、柱、梁等现浇混凝土结构工程。所以，在外墙外保温体系中的梁柱、剪力墙部位，采用FS外模板现浇混凝土复合保温板技术。

EPS单面钢丝网架现浇混凝土外保温体系是外保温开始起步时的几种做法之一，俗称大模内置保温板。EPS单面钢丝网架保温板是在钢丝网架夹芯板（泰柏板）的基础上，结合剪力墙的支模浇筑体系研制而成。支模时置于现浇混凝土外模内侧，并以锚筋钩紧钢丝网片作为辅助固定措施，与钢筋混凝土外墙浇筑为一体。拆模后，在保温板上抹聚合物抗裂水泥砂浆做保护层，裹覆钢丝网片，表面做涂料或面砖饰层。该保温体系属于厚抹灰层体系。

外墙内保温是在主体墙（钢筋混凝土、砌块等）内侧敷设高效保温材料，形成复合外墙减小墙体传热系数来满足要求。我国刚开始推进建筑节能时，在外墙内部用双灰粉、保温砂浆等，就是典型的内保温形式。

夹芯墙是在墙体砌筑过程中采用内外两叶墙中间加绝热材料的构造做法，如东北地区用聚苯板建造夹芯墙，甘肃地区的太阳能建筑用岩棉建造夹芯墙等。

复合保温砌块砌体是新近发展迅速的一种构造，是用高热阻的夹芯复合砌块直接砌筑满足要求的外墙。

这几种做法各有特点：外墙外保温是现在提倡的主流做法，有消除热桥、增大使用面积、保护主体结构等优点，缺点是施工技术难度高、工序多、施工周期长，且近几年各地外墙外表面开裂、脱落的现象时有发生，所以其耐久性一直是困扰其发展的瓶颈。内保温的优点是施工方便、保温材料的使用环境好，不受紫外线、风雨、高温、冷冻等恶劣条件影响。缺点是不能阻断热桥、减小房屋使用面积、装修容易破坏保温层等。夹芯墙体的优点是保温隔热性能好、可阻断大部分热桥、与外保温相比造价低、墙面不易出现裂缝。缺点是施工难度大、砌筑质量要求高、工期长等。

2. 墙体自保温与建筑工业化

已有的外墙保温体系总结起来主要有以下3个主要问题：第一，建筑保温与结构不同寿命；第二，火灾隐患无法避免；第三，外保温通病无法克服。

有没有一种结构形式，既能够达到建筑要求，又能够与建筑同寿命，同时提高施工效率？这样的墙体自保温技术逐渐进入人们视野。按人们的预期，墙体自保温技术集成了节能、工业化等各种要素。

预制构件形式近年来得到大力发展，是新型建筑工业化的主要内容。发展新型建筑工业化才能更好地实现工程建设的专业化、协作化和集约化，这是工程建设实现社会化大生产的重要前提。

新型建筑工业化是实现绿色建造的工业化。绿色建造是指在工程建设的全过程中，最大限度地节约资源（节能、节地、节水、节材）、保护环境和减少污染，为人们建造健康、舒适的房屋。建筑业是实现绿色建造的主体，是国民经济支柱产业，全社会50%以上固定资产投资都要通过建筑业才能形成新的生产能力或使用价值。新型建筑工业化是城乡建设实现节能减排和资源节约的有效途径、是实现绿色建造的保证、是解决建筑行业发展模式粗放问题的必然选择。其主要特征具体体现在：通过标准化设计的优化，减少因设计不合理造成的材料、资源浪费；通过工厂化生产，减少现场手工湿作业带来的建筑垃圾、污水排放、固体废弃物弃置；通过装配化施工，减少噪声排放、现场扬尘、运输遗洒，提高施工质量和效率；通过采用信息化技术，依靠动态参数，实施定量、动态的施工管理，以最少的资源投入，达到高效、低耗和环保。绿色建造是系统工程、是建筑业整体素质的提升、是现代工业文明的主要标志。建筑工业化的绿色发展必须依靠技术支撑，必须将绿色建造的理念贯穿到工程建设施工的全过程。

概言之，新型建筑工业化是以构件预制化生产、装配式施工为生产方式，以设计标准化、构件部品化、施工机械化为特征，能够整合设计、生产、施工等整个产业链，实现建筑产品节能、环保、全生命周期价值最大化的可持续发展的新型建筑生产方式。

在此基础上，随着建筑节能政策和技术标准推进发展起来一种集结构和保温功能于一体的围护结构形式——自保温墙体，根据荷载可分为称重结构体系和非承重的填充墙结构体系，根据施工顺序可分为预制构件体系和现场施工体系。住房和城乡建设部已经发布了关于自保温技术的行业标准和技术规程，比如《自保温混凝土复合砌块》和《自保温混凝土复合砌块墙体应用技术规程》,《自保温混凝土复合砌块》规定了填插砌块空心的XPS、EPS、聚苯乙烯颗粒保温浆料、泡沫混凝土等材料的技术要求。以及之前发布的《烧结保温砖和保温砌块》，自保温砌体结构用的保温砖和保温砌块的产品标准技术规程基本齐全。

夹芯混凝土砌块自保温墙体是一种实现外墙保温和围护两种功能的墙体，优点是不影响房屋使用面积、施工方便、工期短，与复合保温墙体相比造价低，并且保温材料在墙体内可以有效延长使用周期，是一种发展前景良好的建筑保温结构工法。

（二）自保温墙体热工性能

1. 自保温砌块形式

自保温砌块也有的称之为复合保温砌块、夹芯砌块等，就是中间加有高效保温隔热材料的砌块，顾名思义就是该材料可以达到围护和保温的双重目的。其保温隔热性能取决于3个要素：基材、孔型、夹芯材料。

目前混凝土砌块的基本材质有普通混凝土、泡沫混凝土、轻骨料混凝土等几种；其孔型有单排孔、2排孔、3排孔、4排孔等；空心填充材料有聚苯板、珍珠岩、泡沫混凝土、聚氨酯等。通常情况下，孔型可根据要求更换成型机模具来满足，夹芯材料基本上多用

EPS，自保温墙体因为具有诸多优点，受到人们广泛的接受。但是其热性能并没有被准确理解，在应用过程中还存在一些认识上的误区。下面通过一组自保温砌块砌筑的自保温墙体传热系数计算，从中可以了解该类墙体的热工性能。

2. 夹芯砌块及砌体的传热性能

夹芯混凝土砌块及砌体是非均质材料，其传热性能以平均热阻或传热系数表示均可。按习惯用法，砌块的传热性能用热阻表示，砌体的传热性能用传热系数表示。夹芯砌块的热阻及砌体的传热系数计算的理论依据是《民用建筑热工设计规范》中复合结构的传热问题。

该砌块热阻和砌体的传热系数计算如下，并以此为例说明夹芯砌块及其砌体的自保温墙体传热特点。

（1）夹芯砌块的热阻

砌块的平均热阻按以下公式计算：

$$\bar{R}=\left[\frac{F_0}{\frac{F_1}{R_1}+\frac{F_2}{R_2}+\ldots\ldots+\frac{F_n}{R_n}}-\left(R_i+R_e\right)\right]\varphi$$

式中：$\bar{R}$——砌块平均热阻，m²•K/W；

F_1、F_2……F_n——按平行于热流方向划分的各个传热面积，m²；

R_1、R_2……R_n——各个传热面积部位的传热阻，m²•K/W；

R_i——内表面换热阻；

R_e——外表面换热阻；

φ——修正系数。

其中 R_1、R_2……R_n 按单层均质材料考虑，其值由公式以下计算得出：

$$R=\frac{d}{\lambda}$$

式中：R——材料层的热阻，m²•K/W；

d——材料层的厚度，m；

λ——材料的导热系数，W/(m·K)。

（2）夹芯砌体的传热系数计算

以上通过计算得到的是砌块的平均热阻。下面进一步计算用该砌块砌筑的砌体的传热性能。

砌块在实际使用时要砌筑成砌体。计算砌体的热阻、传热阻、传热系数时，要考虑砌筑砂浆的厚度和导热系数，以及抹面砂浆的厚度和导热系数。在这种情况下，需分步计算：

1）先计算砌体中砌块的面积和砌筑砂浆灰缝的面积；

2）计算出砌筑砂浆灰缝的热阻（砌筑砂浆可按均质材料计算）；

3）根据砌体中砌块和砌筑砂浆所占面积比例，按面积加权的方法计算出砌体主体部位的平均热阻；

4）测量抹面砂浆的厚度，计算抹面砂浆的热阻；

5）再按多层材料复合结构热阻计算公式，计算出砌体最终的热阻；

6）将上面得到的砌体最终热阻代入以下公式，计算出砌体的传热阻和传热系数。

$$R_0 = R_i + R + R_e$$

$$K = \frac{1}{R_0} = \frac{1}{R_i + R + R_e}$$

式中：K——传热系数，W/m²·K；

R——砌体热阻，m²•K/W；

R_0——砌体传热阻，m²•K/W。

3. 夹芯砌块自保温砌体传热特点

（1）夹芯砌块热阻影响因素

通过上面的计算可以得知，影响夹芯砌块热阻的因素有：砌块的规格尺寸、砌块孔型、砌块混凝土基材、夹芯材料的厚度及导热性能等，主要取决于两部分：一部分是砌块基材，另一部分是夹芯的保温隔热材料。

（2）夹芯砌块孔型的设计不能照搬空心砌块的设计思路。

空心砌块应尽量设置多排孔以充分利用空气层增大砌块热阻，使得相同砌块体积保持最大的热阻，但是夹芯砌块的孔型设置应尽量简单整齐以充分利用夹芯高效保温材料的热阻，提高砌块的热阻，减小砌体的传热系数。

（3）夹芯砌块自保温墙体“三大”热桥——“热格栅”

对于夹芯砌块砌筑的砌体外墙而言，用夹芯砌块、砌筑砂浆砌筑而成的自保温墙体而言，其热阻主要由砌筑砂浆、砌块基材、中间的保温材料和内外表面换热阻几部分组成，其中内外表面的换热阻取决于墙体内外的热环境，一般不会有大的变化，行业内已经积累了比较丰富的经验值，热工设计规范给出了各种状态下的取值范围。因此，砌体中可变的有三部分：砌筑砂浆、砌块基材和中间的保温材料。这个砌体与建筑物的梁柱构成建筑物围护结构的自保温墙体。这种墙体存在三大热桥：（a）砌块边壁和肋是导热系数较高的材料，形成第一个热桥；（b）砌筑砂浆形成第二个热桥；（c）建筑物围护结构的梁板柱部位的材料通常是钢筋混凝土，其导热系数高达 1.74 W/（m·K），会形成第三个热桥。这样的结构可以很形象地称之为“热格栅”。由于采用夹芯保温结构时，基于经济等因素考虑主体墙不可能再做内外保温层，可能会出现虽然砌块平均热阻达到要求，但砌筑砌体形成热桥，在严寒或寒冷地区如果使用不当，会导致严重的漏热甚至引起受潮结露等现象。

（4）夹芯砌块自保温墙体构造关键节点

通过以上的分析可知，要想得到满足设计要求的自保温墙体，必须进行精心设计块型和优选保温材料，利用低导热系数的砌块基材、低导热系数的砌筑砂浆，然后在梁板柱部位用聚苯板或聚氨酯做外保温，并处理好外保温部分和砌块砌体交错处的节点处理，防止开裂。这种复合保温方式可以有效解决热桥，使整个围护结构的外墙做到无热桥，进而建造传热均匀的墙体，尽量满足建筑节能设计标准的传热要求。

第二节　屋面节能

一、屋面节能设计分类

屋面的节能设计涉及面很大，可包括屋顶的自然通风、太阳能技术的应用、屋顶的天然采光、屋顶的保温隔热、屋顶间的利用、住宅屋面结合退台的绿化、太阳能热水器与住宅屋面的一体化设计、屋顶面的绿化、利用屋顶面作为采集太阳能的构件等。因此，结合我国实际国情，屋面的节能设计主要体现在以下方面。

（一）自然通风屋顶

除了保证穿堂风以外，强化自然通风的有效方法之一是设置通风管道、住宅中的通风管道可保证室内在静风或弱风条件下正常通风。

自然通风是由来自室外风速形成的“风压”和建筑表面的气流进出洞口间位置及温度造成的“热压”形成的室内外空气流动。按照热力学原理，建筑室内温度有沿高度逐渐向上递增的特点。当室内存在贯穿整栋建筑的“竖井”空间时，可利用其上下两端的温差来加速气流，带动室内通风。屋顶是形成温差、组织气流的重要环节，在整个自然通风系统中起着重要的作用。

通常，室内自然通风的实现依赖于门窗洞的开设，从而形成穿堂风。但因门窗密闭性差或材料本身热阻小，在冬季浪费了大量能源。除了保证穿堂风以外，强化自然通风的有效方法之一是设置通风管道。目前一些国家的做法是在外墙设小型通风道，每个房间有气流控制阀，保证房屋的正常通风。通风管道可保证室内在静风或弱风条件下正常通风。屋顶作为整个建筑自然通风的一个重要组成部分，利用天窗、烟囱、风斗等构造为气流提供进出口。

另外，屋顶本身也可以成为一个独立的通风系统。这种屋顶内部一般设有一个空气间层，利用热压通风的原理使气流在空气间层中流动，以提高或降低屋顶内表面的温度，进而影响到室内温度。

（二）水蓄热屋面

效率较高的隔热屋面由水袋及顶盖组成，这是因为水比同样重量的其他建筑材料能储存更多的热量。

冬天时，水袋受到太阳光照射而升温，热量通过下面的金属天花板传递至室内，使房间变暖。夏天，室内热量通过金属天花板传递给水袋，在夜间，水袋中的热量以辐射、对流等方式散发至天空，水袋上有活动盖板以增强蓄热性能。夏季，白天盖上盖板，减少阳光对水袋的辐射量，夜晚打开盖板，使水袋中的热量速散发到空中。使其可以吸纳较多的室内热冬天，白天打开盖板使水袋大量吸收太阳的热辐射，夜晚盖上盖板使水袋中的热量向室内散发。

美国加利福尼亚州一项实验表明，当全年室外温度在 10 ~ 33℃波动时，采用这种屋面构造的建筑室内温度为 22.6 ~ 27.31℃。

（三）植草屋面

植草屋面在西欧和北欧乡间传统住宅上应用较为广泛，目前越来越多地应用于城市型低层及多层住宅建筑上。植草屋面具有降低屋面反射热、增强保温隔热性能、提高居住区绿化效果等优点。传统植草屋面的做法是在防水屋上覆土再植以茅草。随着无土栽植技术的成熟，目前多采用纤维基层栽植草皮。日本的“环境共生住宅”采用植草屋面，其基本构造为野草生长基下为可“呼吸”的轻质滤层，其下为齿状保水槽、多重防水层和木板。这种技术在我国已得到初步发展并开始批量生产。但是在实际的项目中，因为造价过高以及维护费用昂贵，因此在城市多层住宅屋面中使用尚少。

除了植草屋面的物质功能，其郁郁葱葱的屋面与大自然融为一体，建筑与环境有机结合，蕴含了一种朴素的生态观，时至今日植草屋面也开始成为现代建筑师们思考现代建筑如何与绿化共生的切入点。

（四）太阳能屋面

随着全球常规能源的日益匮乏，环保呼声的日益高涨，世界各国对可再生能源的需求越来越大，而其中对太阳能的利用受到了越来越多的关注。“我国的太阳能资源非常丰富，太阳能年辐照总量每平方米超过 5000 MJ、年日照时数超过 2200 h 以上的地区约占我国国土面积的 2/3 以上，若将全国太阳能年辐射总量的 1% 转化为可利用能源，就能满足我国全部的能源需求”。众所周知，太阳能资源是取之不尽、用之不竭的，是最廉价最环保的能源之一，无污染的绿色能源，在当前全球可持续发展战略的发展下，大范围的开发、利用已是大势所趋。

太阳能的应用主要是供能系统和供水系统。在供能系统中，它采用高强度透明玻璃制成密封盒子。冬天当其受到阳光照射时，其内部温度可达 30 ~ 70℃。热量可直接释放到室内或通过管道传至以卵石为主要材料的储热室，夜晚时再释放出来。由于技术与资金的原因，在我国，现在使用太阳能供暖的住宅还比较少。

目前，大量的建筑是使用太阳能热水器。在供水系统中，按照中等日照条件，太阳能热水器每平方米采光面每天所获得的有效热能对于一般住宅来说，每人日均耗水的 20 ~ 30 L 用于生活热水，一个四口之家，配备 100 L 左右的太阳能热水器可以满足要求。

太阳能热水器最与众不同的一点就是基本不耗费能源，运行费用为零，和使用其他能源的热水器相比，一年所节约的能源是十分可观的。因此，被人们所接受，在住宅中越来越普及。但是，在太阳能热水器大量使用的过程中也出现了很多的问题，如与住宅设计相违背，损害了住宅和小区生活和视觉环境，未能达到一体化设计，因此带来了一些负面效果。这些问题也引起了人们的重视。

除此之外，太阳能技术在住宅中的运用可分为三种类型。

1. 被动式接受技术

通常通过透明的建筑围护结构和相应的构造设计，直接利用阳光中的热能来调节建筑室内的空气温度。这种类型的典型表现为太阳能温室或者被动式太阳房。在这类住宅中，屋顶是接收太阳能最有利的位置，大多数太阳能温室设在屋顶层，采用高强度透明玻璃制成密封盒子，白天受阳光照射，温室内部温度升高，夜晚热量可直接释放到室内。

2. 太阳能集热技术

通常通过集热器将阳光中的热能储存到水或其他介质中。在需要的时候，这些储存的能量可以在一定程度上满足建筑物的能耗需求。这种利用技术根据储存能量的介质不同可表现为：太阳能集热板和太能热水。太阳能集热板通常设置在屋面上，白天集热板将吸收的热量储存在储热室，夜晚再将热量释放出来。太阳能热水器是将太阳能集热器吸收的热量储存在水中，用以提供人们对热水的需要的装置。一般被放置在屋顶上，朝向太阳照射的方向。

3. 太阳能光伏系统的运用

通过太阳能电池把光能直接转化为电能，可以直接为住宅提供照明等能源需求。光伏系统与建筑结合的方式可分为两种，一种是建筑与光伏系统结合，即把封装好的光伏组件安装在建筑屋顶上，再与逆变器、蓄电池、控制器负载等装置相连。屋顶上的光伏组件主要是用于收集太阳能的电池板，其安装在屋顶上的方式有固定式和可调节式两种。另外一种建筑与光伏器件的结合是指用光伏器件替代部分建筑构件，如将建筑的屋顶、雨篷、遮阳、窗户等构件用光伏材料制作，不仅使这些传统的建筑组成部分拥有新的功能，而且又不让额外的光伏系统构件破坏建筑的整体形象，可谓一举两得。

除了在住宅中得到应用外，太阳能技术也逐渐应用于公共建筑中，以实现节约能源、美化城市景观的目的。

（五）屋面结合退台的绿化

近年来，由于城市向高密度化、高层化发展，城市绿地越来越少，城市居民对绿地的向往和对舒适优美环境中户外生活的渴望，促使屋顶绿化迅速发展。利用屋顶进行绿化，不仅增加了单位面积区域内的绿化面积，改善了人们视觉卫生条件（避免眩光和辐射热）和建筑屋顶的物理性能隔热、防渗、减噪等，而且对美化城市环境，保持城市生态平衡起着独特的作用。此外，屋顶绿化植物处于较高位置，能起到低处植物所起不到的作用，其作用与价值不可低估。

同时，屋顶绿化也是现代社会人们心理上的一种需求，而且已经成为住宅可持续设计的重要内容，关系到住宅屋面空间形态设计的优劣。

住宅屋面结合退台进行绿化设计要为人们提供优美的生活环境。因此，它应该更精致美观。由于场地窄小，大约 1 m^2 左右，小品和绿化植物更应该反复推敲，比较适合这种小环境的绿化，充分利用屋顶的竖向和平面空间，既要与主体建筑物及周围大小环境保持协调一致，又要有独特的风格。以植物造景为主，利用棚架植物、攀岩植物、悬挂植物等实现立体绿化，尽可能增加绿化量。

针对场地狭小，且位于强风、缺水和少肥的环境，以及光照强、时间长、温差大等条件。选择生长缓慢、耐寒、耐旱、喜光、抗逆性强、易移栽和病虫害少的植物。

屋面结合露台进行绿化设计，可以把屋面与绿化很好地结合起来，屋顶集合了两者优点，既克服了传统屋面比较封闭的缺点，也使屋面内部空间利用更加合理，立面丰富多彩。

平坡结合的屋顶是住宅绿化的载体之一，露台上的绿化不仅可以改善环境，增加湿度，防风降噪，充分利用露台，可以有效地扩大住宅区的绿化面积，对于空间景观效果不亚于地面绿化。当露台上遍布着自然形态的绿色植物时，原来单调生硬的墙壁变得又生机勃勃起来，重复不变的屋顶露台也各具特色。

住宅屋面的生态化设计还包括很多的方面，随着能源危机、建筑技术、建筑理论的不断发展和人们对于生活质量的不断追求，生态化趋势必将成为住宅和住宅屋面设计的发展方向。

二、寒冷地区住宅屋面节能设计

（一）屋顶节能构造

屋顶是建筑外围护结构之一，屋顶的耗热量占建筑总能耗的 8.6%，是不可忽视的节能重点部位。寒冷地区，屋顶保温的主要措施是采用保温材料作为保温层，增大屋顶热阻。综合各种保温材料的节能效果和经济性分析评价，建议选用聚苯乙烯泡沫塑料板、水泥聚苯板、岩棉等轻质高效保温隔热材料。

寒冷地区屋顶保温一般有两种形式，即将保温层做在结构层的外侧或内侧，如果采用外侧保温，由于混凝土的热容量非常大，在夏天，接受太阳辐射热后，便将热量蓄积于内部，到了夜间，又把热量释放出来。若是采用内侧保温，虽然绝热材料可以阻止混凝土向室内传热，但是，当绝热材料下侧的室内空气的温度很高时，绝热材料本身也会相应地具有很高的温度。夏天，室内空气温度容易高于室外气温，这主要是由于太阳辐射影响，使空气加热，温度升高，热空气停留于房间上部。一到夜间，又加上混凝土板向室内的传热，则保温材料表面或顶棚的内表面温度就会比人体的表面温度高得多，继而对人体进行热辐射，使人感到似“烘烤”一样。

为了防止这种“烘烤”现象，可以设法通风换气，使顶棚底部的空气温度下降至低于人体的温度，而最主要的还是设法减少混凝土受太阳辐射后的蓄热量。如果采用外侧绝热，便可减少混凝土的蓄热量，此时，混凝土板的温度只有30℃左右，人体自然就不会感到热辐射的“烘烤”了。当外侧保温时，由于靠内侧的混凝土热容量大，当室内温度较高的空气与混凝土相接触时，温度不会有明显的上升。这种现象不仅表现在屋顶处，而且在西墙上也是如此。所以，为了避免热效应，最好将保温材料布置在外侧。

另外，外侧保温还防止了混凝土底部由于金属吊钩引起的结露问题。

（二）老虎窗节能构造

对被开发利用的屋面阁楼，为保证阁楼内基本的卫生条件，阁楼必须进行通风换气。对未被开发利用的阁楼，从冬季屋面传热耗能角度考虑，阁楼不进行换气比进行换气的耗热量少；从阁楼内结露角度考虑，不进行换气的阁楼内温度有所提高，表面上看有减少阁楼内部结露的可能性，但阁楼不进行换气，冬季水蒸气会充满阁楼，产生大量结露，影响保温材料的保温性能，而且夏季阁楼内闷热。因此，住宅宜采用阁楼进行通风换气的构造做法，通风换气可以排出水蒸气解决结露问题。阁楼的换气处理可以采用在檐口和山墙处设置换气口、设老虎窗等构造做法。

老虎窗是屋面传统的开窗方式，造型丰富、视线好、物美价廉、应用广泛，目前在住宅建筑中应用较多。老虎窗采用塑钢窗，塑钢窗耐腐蚀、耐潮湿，而且具有良好的热工和密闭性能，加工精度高、外观好、价格便宜。由于塑钢窗具有以上的优点，因此，在民用建筑中应用广泛，目前已经成为国家大力发展的一种窗型。

塑钢窗通常为单层框，严寒地区为了解决保温的问题，一般设置2 ~ 3层玻璃。在实际工程中有时会出现窗框内侧墙体结露的现象，在老虎窗处尤甚，影响了室内的环境。产生结露的主要原因是：过去采用双层木窗时，两层窗之间的空隙在室外和室内之间形成了一个中间温度区。室外的低温界面在向室内侵袭的过程中逐渐衰减，最终在两层窗框之间与室内温度界面平衡，所以就不易出现结露现象。

采用塑钢窗时，由于只有一层窗框，其厚度只有80 mm左右，导致室外的温度平衡界面位于室内一侧，就容易产生结露现象。为了解决老虎窗墙体结露的问题，主要应当在老虎窗有关部位的细部构造上下功夫，重点要解决的问题是：改变只在老虎窗侧面墙体设保温层的做法，在正面墙体及窗口外侧墙体设置保温层。保温层宜采用聚苯板、PG板或挤塑泡沫板，由于老虎窗侧面墙体的厚度较薄（一般为100 ~ 150 mm），某些保温板材不易施工，因此，也可以采用如稀土保温砂浆之类的膏状保温材料，但要在其外侧设有可靠的保护层，避免受潮变性。在老虎窗内侧墙体及屋顶表面抹膏状保温层，也会极大地改善此处的热工条件。

（三）热反射窗帘

热反射窗帘是在一定的化纤布表面上涂一层厚度小于 1μm 的特种金属后制成的。这种特殊的窗帘在冬季能够保温，在夏季可以隔热，使室内冬暖夏凉，减少能耗。人体和一切物体按其自身湿度的不同，都会向外发出不同波长的热射线，在常温下则发出长波红外线，是一种散热的主要方式。对于这种常温下的红外辐射热，窗玻璃、墙壁材料与白色油漆的吸收率都在 90% 以上，仅有微量反射。

冷天，这些材料吸收室内热辐射后，便逐渐传到室外，使室内温度降低。如果使用热反射窗帘则不同，这种窗帘布的反射率在 60% ~ 80%，从室内人体与物体辐射的绝大部分热量，都会被反射回来，只有少部分热量能够传出去。因此，与不挂热反射窗帘的房间比较，冬天室内温度可提高 2℃左右。冷天当人靠近窗户时，由于人与窗之间存在着辐射换热，人会感到冷。若使用了热反射窗帘，窗帘表面温度要比玻璃温度高很多，这时，人在窗户附近不会感到冷。

据测试结果，挂上一层热反射窗帘的单层窗比不挂窗帘的单层窗可节能 54%。太阳光和周围物体向室内辐射的热量，在夏季主要是通过窗户进入的。白天，挂上热反射窗帘，能够将大部分热量反射回去，不让热量进入室内，以保证室内阴凉。到了夜里，室外温度下降，就可以拉开窗帘让凉风进入室内。因此，这种窗帘对于节约能源，改善室内热环境，都有明显的效果。

第三节　外窗与门户的节能技术

窗户（包括阳台的透明部分）是建筑外围护结构的开口部位，是阻隔外界气候侵扰的基本屏障。窗户除需要满足视觉的联系、采光、通风、日照及建筑造型等功能要求外，作为围护结构的一部分应同样具有保温隔热、得热或散热的作用。因此，外窗的大小、形式、材料和构造就要兼顾各方面的要求，以达到整体的最佳效果。

从围护结构的保温节能性能来看，窗户是薄壁轻质构件，是建筑保温、隔热、隔声的薄弱环节。窗户不仅有与其他围护结构所共有的温差传热问题，还有通过窗户缝隙的空气渗透传热带来的热能消耗。对于夏季气候炎热的地区，窗户还有通过玻璃的太阳能辐射引起室内过热，增加空调制冷负荷的问题。但是，对于严寒及寒冷地区南向外窗，通过玻璃的太阳能辐射对降低建筑采暖能耗是有利的。

以往我国大多数建筑外窗保温隔热性能差，密封不良，阻隔太阳辐射能力薄弱。在多数建筑中，尽管窗户面积一般只占建筑外围护结构表面积的 1/3 ~ 1/5 左右，但由于窗户损失的采暖和制冷能量，往往占到建筑围护结构能耗的一半以上，因而窗户是建筑节能的关键部位。也正是由于窗户对建筑节能的突出重要性，使窗户节能技术得到了巨大的发展。

在不同地域、气候条件下，不同的建筑功能对窗户的要求是有差别的。但是总体说来，节能窗技术的进步，都是在保证一定的采光条件下，围绕着控制窗户的得热和失热展开的。我们可以通过采取以下措施使窗户达到节能要求。

一、控制建筑各朝向的窗墙面积比

窗墙面积比是影响建筑能耗的重要因素，窗墙面积比的确定要综合考虑多方面的因素，其中最主要的是不同地区冬、夏季日照情况（日照时间长短、太阳总辐射强度、阳光入射角大小），季风影响，室外空气温度，室内采光设计标准，

通风要求等因素。一般普通窗户的保温性能比外墙差很多，而且窗的四周与墙相交之处也容易出现热桥，窗越大，温差传热量也越大。因此，从降低建筑能耗的角度出发，必须限制窗墙面积比。建筑节能设计中对窗的设计原则是在满足功能要求基础上尽量减少窗户的面积。

（一）严寒和寒冷地区居住建筑的窗墙比

严寒和寒冷地区的冬季比较长，建筑的采暖用能较大，窗墙面积比的要求要有一定的限制。北向取值较小，主要是考虑卧室设在北向时的采光需要。从节能角度上看，在受冬季寒冷气流吹拂的北向及接近北向主面墙上应尽量减少窗户的面积。东、西向的取值，主要考虑夏季防晒和冬季防冷风渗透的影响。在严寒和寒冷地区，当外窗 K 值降低到一定程度时，冬季可以获得从南向外窗进入的太阳辐射热，有利于节能，因此南向窗墙面积比较大。由于目前住宅客厅的窗有越开越大的趋势，为减少窗的耗热量，保证节能效果，应降低窗的传热系数。

一旦所设计的建筑超过规定的窗墙面积比时，则要求提高建筑围护结构的保温隔热性能（如选择保温性能好的窗框和玻璃，以降低窗的传热系数，加厚外墙的保温层厚度以降低外墙的传热系数等），并应进行围护结构热工性能的权衡判断，检查建筑物耗热量指标是否能控制在规定的范围内。

（二）热冬冷地区居住建筑窗墙比

我国夏热冬冷地区气候夏季炎热，冬季湿冷。夏季室外空气温度大于 35℃的天数约 10 ~ 40 天，最高温度可达到 40℃以上，冬季气候寒冷，日平均温度小于 5℃的天数约 20 ~ 80 天，相对湿度大，而且日照率远低于北方。北方冬季日照率大多超过 60%，而夏热冬冷地区从地理位置上由东到西，冬季日照率逐渐减少。最高的东部也不超过 50%，西部只有 20% 左右，加之空气湿度高达 80% 以上，导致了该地区冬季基本气候特点是阴冷潮湿。

确定窗墙面积比，是依据这一地区不同朝向墙面冬、夏日照情况，季风影响，室外空气温度，室内采光设计标准及开窗面积与建筑能耗所占的比率等因素综合确定的。从这一地区建筑能耗分析看，窗对建筑能耗损失主要有两个原因：一是窗的热工性能差所造成夏

季空调，冬季采暖室内外温差的热量损失的增加；另外就是窗因受太阳辐射影响而造成的建筑室内空调采暖能耗的增加。从冬季来看，通过窗口进入室内的太阳辐射有利于建筑的节能，因此，减少窗的温差传热是建筑节能中窗口热损失的主要原因。

从这一地区几个城市最近 10 年气象参数统计分析可以看出，南向垂直表面冬季太阳辐射量最大，而夏季反而变小，同时，东西向垂直表面最大。这也就是为什么这一地区尤其注重夏季防止东西向日晒、冬季尽可能争取南向日照的原因。

夏热冬冷地区人们无论是过渡季节还是冬、夏两季普遍有开窗加强房间通风的习惯。一是自然通风改善了空气质量，二是自然通风冬季中午日照可以通过窗口直接获得太阳辐射。夏季在两个连晴高温期间的阴雨降温过程或降雨后连晴高温开始升温过程，夜间气候凉爽宜人，房间通风能带走室内余热蓄冷。因此这一地区在进行围护结构节能设计时，不宜过分强调减少窗墙比，应重点提高窗的热工性能。

以夏热冬冷地区六层砖混结构试验建筑为例，南向四层一房间大小为 5.1 m（进深）×3.3m（开间）×2.8m（层高），窗为 1.5 m×1.8m 单框铝合金窗，在夏季连续空调时，计算不同负荷逐时变化曲线，可以看出通过墙体的传热量占总负荷的 30%，通过窗的传热量最大，而且通过窗的传热中，主要是太阳辐射对负荷的影响，温差传热部分并不大。因此，应该把窗的遮阳作为夏季节能措施的另一个重点来考虑。

（三）夏热冬暖地区居住建筑窗墙比

夏热冬暖地区位于我国南部，在北纬 27° 以南，东经 97° 以东，包括海南全境、福建南部、广东大部、广西大部、云南小部分地区。

该地区为亚热带湿润季风气候（湿热型气候），其特征为夏季漫长，冬季寒冷时间很短，甚至几乎没有冬季，长年气温高而且湿度大，太阳辐射强烈，雨量充沛。由于夏季时间长达半年左右，降水集中，炎热潮湿，因此该地区建筑必须充分满足隔热、通风、防雨、防潮的要求。为遮挡强烈的太阳辐射，宜设遮阳，并避免日晒。夏热冬暖地区又细化成北区和南区。北区冬季稍冷，窗户要具有一定的保温性能，南区则不必考虑。

该地区居住建筑的外窗面积不应过大，各朝向的窗墙面积比，北向不应大于 0.45，东、西向不应大于 0.30，南向不应大于 0.50。居住建筑的天窗面积不应大于屋顶总面积的 4%，传热系数不应大于 4.0 W/（$m^2 \cdot K$），本身的遮阳系数不应大于 0.5。当设计建筑的外窗或天窗不符合上述规定时，其空调采暖年耗电指数（或耗电量）不应超过参照建筑的空调采暖年耗电指数（或耗电量）。

（四）公共建筑窗墙比

公共建筑的种类较多，形式多样，从建筑师到使用者都希望公共建筑更加通透明亮，建筑立面更加美观，建筑形态更为丰富。所以，公共建筑窗墙比一般比居住建筑要大些，并且也没有根据不同气候区进一步细化。但在设计中要谨慎使用大面积的玻璃幕墙，以避免加大采暖及空调的能耗。

我国现行标准中对公共建筑窗墙比作了如下规定：建筑每个朝向的窗（包括透明幕墙）墙面积比均不应大于 0.7。窗（包括透明幕墙）的传热系数 K 和遮阳系数 SC 应根据建筑所处城市的气候分区符合相应的国家标准。当窗（包括透明幕墙）墙面积比小于 0.4 时，玻璃（或其他透明材料）的可见光透射比不应小于 0.4。屋顶透明部分的面积不应大于屋顶总面积的 15%，其传热系数 K 和遮阳系数 SC 应根据建筑所处城市的气候分区符合相应的国家标准。

夏热冬暖地区、夏热冬冷地区（以及寒冷地区空调负荷大的地区）的建筑外窗（包括透明幕墙）要设置外部遮阳。以降低夏季空调能耗的需求。

三、提高窗的气密性，减少冷风渗透

完善的密封措施是保证窗的气密性、水密性以及隔声性能和隔热性能达到一定水平的关键。目前我国在窗的密封方面，多只在框与扇和玻璃与扇处作密封处理。由于安装施工中的一些问题，使得框与窗洞口之间的冷风渗透未能很好处理。因此为了达到较好的节能保温水平，必须要对框—洞口，框—扇，玻璃—扇三个部位的间隙均进行密封处理。至于框—扇和玻璃—扇间的间隙处理，目前我国采用双级密封的方法。国外在框—扇之间却已普遍采用三级密封的做法。通过这一措施，使窗的空气渗透量降到 1.0 m^3(m · h）以下。

从密闭构件上看，有的密闭条不能达到较佳的效果，原因是：①密闭条采用注模法生产，断面尺寸不准确且不稳定，橡胶质硬度超过要求；②型材断面较小，刚度不够，致使执手部位缝隙严密，而在窗扇两端部位形成较大的缝隙。因此，随着钢（铝）窗型材的改进，必须生产、采用具有断面准确、质地柔软、压缩性比较大、耐火性较好等特点的密闭条。

我国的国家标准《建筑外窗空气渗透性能分级及其检测方法》中将窗的气密性能分为五级。其中 5 级最佳，节能标准中规定“设计中应采用密封性良好的窗户（包括阳台门），低层和多层居住建筑（1 ~ 6 层）中应等于或优于 3 级，高层和中高层居住建筑（7 ~ 30 层）应等于或优于 4 级，当窗户密闭性不能达到规定要求时，应强化气密措施，保证达到规定要求”。

普通单层钢窗 $q_1 < 5.0$，属 1 级；普通双层钢窗 $q_1 > 3.5$，属 2 级，因此，都不能满足节能要求。在钢窗中，只有制作和安装质量良好的标准型气密窗、国标气密条密封窗，以及类似的带气密条的窗户，才能达到 3 ~ 5 级。平开铝窗、塑料窗、塑钢复合窗等能达到 5 级。推拉铝窗、塑料窗能达到 4 ~ 5 级。

三、窗的遮阳

大量的调查和测试表明，太阳辐射通过窗进入室内的热量是造成夏季室内过热的主要原因。日本、美国、欧洲的一些国家以及中国香港地区都把提高窗的热工性能和阳光控制作为夏季防热以及建筑节能的重点，窗外普遍安装有遮阳设施。

夏季，南方水平面太阳辐射强度可高达 1000 W/m^2 以上，在这种强烈的太阳辐射条件下，阳光直射到室内，将严重地影响建筑室内热环境，增加建筑空调能耗。因此，减少窗的辐射传热是建筑节能中降低窗口传热的主要途径。应该采取适当的遮阳措施，防止直射阳光的不利影响。

在严寒地区，阳光充分进入室内，有利于降低冬季采暖能耗。这一地区采暖能耗在全年建筑总能耗中占主导地位，如果遮阳设施阻挡了冬季阳光进入室内，对自然能源的利用和节能是不利的。因此，遮阳措施一般不适用于北方严寒地区。

在夏热冬冷地区，窗和透明幕墙的太阳辐射的热夏季增大了空调负荷，冬季则减小了采暖负荷，应根据负荷分析确定采取何种形式的遮阳。一般而言，外卷帘或外百叶式的活动遮阳实际效果比较好。

遮阳是通过技术手段遮挡影响室内热环境的太阳直射光，但并不影响采光条件的手段和措施。

四、提高窗保温性能的其他方法

窗的节能方法除了以上几个方面之外，设计上还可以使用具有保温隔热特性的窗帘、窗盖板等构件增加窗的节能效果。目前较成熟的一种活动窗帘是由多层铝箔、密闭空气层、铝箔构成，具有很好的保温隔热性能，不足之处是价格昂贵。采用平开式或推拉式窗盖板，内填沥青珍珠岩、沥青蛭石、沥青麦草、沥青谷壳等，可获得较高的隔热性能及较经济的效果。现在正在试验阶段的另一种功能性窗盖板，是采用相变贮热材料的填充材料。这种材料白天可贮存太阳能，夜晚关窗的同时关紧盖板，该盖板不仅具有高隔热特性，可阻止室内失热，同时还将向室内放热。这样，整个窗户当按 24 小时周期计算时，就真正成了得热构件。只是这种窗还须解决窗四周的耐久密封问题，及相变材料的造价问题等之后才有望得以商品化。

夜墙（Night wall），国外的一些建筑中实验性地采用过这种装置。它是将膨胀聚苯板装于窗户两侧或四周，夜间可用电动或磁性手段将其推置窗户处，以大幅度地提高窗的保温性能。另外，一些组合的设计是在双层玻璃间用自动充填轻质聚苯球的方法提高窗的保温能力，白天这些小球可以被机械装置吸出收回，以便恢复窗的采光功能。

第五章　绿色建筑室内外环境控制技术

第一节　绿色建筑的室外环境

一、室外热环境

室外热环境的形成与太阳辐射、风、降水、人工排热（制冷、汽车）等各种要素相关。日照通过直射辐射和散射辐射形式对地面进行加热，与温暖的地面直接接触的空气层，由于导热的作用而被加热，此热量又靠对流作用转移到上层空气。室外环境中的水面、潮湿表面以及植物，会以各种形式把水分以蒸汽的形式释放到环境中去，这部分蒸汽又会通过空气的对流作用而输送到整个大环境中。同样，人工排热以及污染物会因为对流作用而得以在环境中不断循环。而降水和云团都对太阳辐射有削弱的作用。

热环境是指影响人体冷热感觉的环境因素，主要包括空气温度和湿度。在日常工作中，人们随着四季的变换，身体对冷和热是非常敏感的，当人们长时间处于过冷或过热的环境中时，则很容易产生疾病。热环境在建筑中分为室内热环境和室外热环境，在这里主要介绍室外热环境。

在我国古代，人们在城市选址时讲求“依山傍水”，除基本生活需求的便捷之外，利用水面和山体的走势对城市热环境产生影响也是重要的因素。一般来讲，水体可以与周围环境中的空气发生热交换，在炎热的夏天，会吸收一部分空气中的热量，使水畔的区域温度低于城市其他地方。而山体的形态可以直接影响城市的主导风向和风速，加之山体绿树成荫的自然环境，对城市的热环境影响很大。如北京城，在城市的西侧和北侧横亘着燕山山脉和太行山脉，在冬季可以抵挡西北寒风的侵袭，而在夏季又可将从渤海湾吹来的湿度较大的海风的速度减慢，从而保护着良好的城市热环境。当然也有反面的例子，在山东济南，城市的南面不远处就是黄河，可在城市与黄河之间却阻挡着千佛山，河水对气候条件的影响完全被山体阻隔，虽然城市中有千眼泉水，有秀美的大明湖，但也不能使城市在夏季摆脱“火炉”的命运。

在建筑组团的规划中，除满足基本功能之外，良好的建筑室外热环境的创造也必须予以考虑。通常，人们会利用绿化的覆盖率来改善建筑室外热环境，但近年来，在规划设计中设计师们越来越注意到空气流通所产生的效果更好，他们发现可以利用建筑的巧妙布局创造出一条“风道”，让室外自然的风向和风速的调节有目的性，使规划区内的空气流通与建筑功能的要求相协调，同时也为建筑室内热环境的基本条件自然通风创造条件。难怪人们戏称这是“流动的看不见的风景”。

所以说，建筑室外热环境是建造绿色建筑的非常重要的条件。

二、室外热环境规划设计

（一）中国传统建筑规划设计

中国传统建筑特别是传统民居建筑，为适应当地气候，解决保温、隔热、通风、采光等问题，采用了许多简单有效的生态节能技术，改善局部微气候。下面以江南传统民居为例，阐述气候适应策略在建筑规划设计中的应用。

中国江南地区具有河道纵横的地貌特点，传统民居设计时充分考虑了对水体生态效应的应用。

第一，由于江南地区特有的河道纵横的地貌特征，城镇布局随河傍水，临水建屋，因水成市。水是良好的蓄热体，可以自动调节聚落内的温度和湿度，其温差效应也能起到加强通风的效果。

第二，在建筑组群的组合方式上，建筑群体采用“间—院落（进）—院落组—地块—街坊—地区”的分层次组合方式，居住区中的道路、街巷呈东南向，与夏季主导风向平行或与河道相垂直，这种组合方式能形成良好的自然通风效果。

第三，建筑组群横向排列，密集而规整，相邻建筑合用山墙，减少了外墙面积，这样，建筑布局能减少太阳辐射的热，建筑自遮阳有较好的冷却效果。

（二）目前设计中存在的问题

由于科技的发展，大量室内环境控制设备的应用，以及对室外环境规划的研究重视不够，使规划师们常过多地把注意力集中在建筑平面的功能布置、美观设计及空间利用上，专业的环境规划技术顾问的缺乏，使城市规划设计很少考虑热环境的影响。目前城市规划设计主要存在如下问题：

1. 高密度的建筑区

由于城市中心区单一，造成土地紧张、高楼林立的现象。高密度建筑群使城市中心区风速降低，吸收辐射增加，气温升高。

2. 不透水铺装的大量采用

从热环境角度来讲，城市与乡村的最大区别在于城市下垫面大量采用不透水的地面铺装，从而使太阳辐射的热大量转化为显热流传向近地面大气。据日本东京市内与郊外的统计，城市内净辐射量中约 50% 作为显热流传向大气，而在郊外大约只有 33%。

3. 不合理的建筑布局

不合理的建筑布局会造成小区通风不畅。例如，中国香港的淘大花园，由于“风闸效应”影响房间自然通风，损失惨重。因此在小区风环境规划时，建筑物间的间距、排列方式、朝向等都会直接影响到建筑群内的热环境，规划师在设计过程中需要考虑如何在夏季利用主导风降温，在冬季规避冷风防寒；同时更需要考虑如何将室外风环境设计与室内通风设计结合起来。如何设计合理建筑布局，需要与工程师紧密沟通，模拟预测并优化规划设计方案。

4. 不合理的绿地规划

绿地是改善热环境的重要元素，合理的绿地规划可有效遮阳，形成良好风循环，同时潜热蒸发可带走多余的太阳辐射热，降低气温。相反，如果盲目设计，仅从美观功能角度布置树木、水景可能不会取得最佳效果甚至取得反效果。例如，水景布置在弱风区就可能因为没风带走水汽而使区域闷热；树木布置在风口处就会阻断气流通路，使区域通风不畅。科学有效的绿地规划应从建筑的当地气候环境、建筑物朝向等实际情况入手，选择恰当的植物类型、绿化率和配置方式，从而使绿地设计达到最佳优化效果。

（三）气候适应性策略及方法

生态小区规划与绿色建筑设计中的核心问题是气候适应性策略在规划与建筑设计中的实施。由于气候具有地域性，如何与地域性气候特点相适应，并且利用地域气候中的有利因素，便是气候适应性策略的重点与难点。生态气候地方主义理论认为，建筑设计应该遵循：气候—舒适—技术—建筑的过程，具体如下：

（1）调研设计地段的各种气候地理数据，如温度、湿度、日照强度、风向风力、周边建筑布局、周边绿地水体分布等构成对地块环境影响的气候地理要素，这一过程也就是明确问题的外围条件的过程；（2）评价各种气候地理要素对区域环境的影响；（3）采用技术手段解决气候地理要素与区域环境要求的矛盾，例如建筑日照及其阴影评价、气流组织和热岛效应评价；（4）结合特定的地段，区分各种气候要素的重要程度，采取相应的技术手段进行建筑设计，寻求最佳设计方案。

三、室外热环境设计技术措施

（一）地面铺装

地面铺装的种类很多，按照其自身的透水性能分为透水铺装和不透水铺装。透水铺装中，草地将在绿化中介绍，这里主要讨论水泥、沥青、土壤、透水砖。

1. 水泥、沥青

水泥、沥青地面具有不透水性，因此没有潜热蒸发的降温效果。其吸收的太阳辐射一部分通过导热与地下进行热交换，另一部分以对流形式释放到空气中，其他部分与大气进行长波辐射交换。研究表明，其吸收的太阳辐射能需要通过一定的时间延迟才能释放到空气中。同时由于沥青路面的太阳辐射吸收系数更高，所以温度更高。

2. 土壤、透水砖

土壤与透水砖具有一定的透水效果，因此降雨过后能保存一定的水分，太阳暴晒时可以通过蒸发水分来降低表面温度，减少对空气的散热。其对环境的降温效果在雨后表现尤为明显，特别在中国亚热带地区，夏季经常在午后降雨，如能将其充分利用，对于改善城市热环境益处很多。

（二）绿化

绿地和遮阳不仅是塑造宜居室外环境的有效途径，同时对热环境影响很大，绿化植被和水体具有降低气温、调解湿度、遮阳防晒、改善通风质量的作用。而绿化水体还可以净化水质，减弱水面热反射，从而使热环境得到改善。

1. 蒸发降温

通过水分蒸发潜热带走热量是室外环境降温的重要手段。对于绿地而言，被其吸收的太阳辐射主要分为蒸发潜热、光合作用和加热空气，其中光合作用所占比例较小，一般只考虑蒸发潜热与加热空气。

与透水砖不同，绿地（包括水体）的蒸发量普遍较大，同时受大气影响相对较小，不会因为持续晴天造成蒸发量大幅下降。同时，树林的树叶面积大约是树林种植面积的 75 倍、草地上的草叶面积的 25 ~ 35 倍，因此可以大量吸收太阳辐射热，起到降低空气温度的作用。

绿地对小区的降温增湿效果，依绿地面积大小、树形的高矮及树冠大小不同而异，其中最主要的是需要具有相当大面积的绿地。同时环境绿化中适当设置水池、喷泉，对降低环境的热辐射、调解空气的温 / 湿度、净化空气及冷却吹来的热风等都有很大的作用。例如，在空旷处气温 34℃、相对湿度 54%，通过绿化地带后气温可降低 1.0 ~ 1.5℃，湿度会增加 5% 左右。所以在现代化的小区里，很有必要规划并建造占一定面积、树木集中的公园和植物园。

地面种草对降低路面温度的效果也很显著，如某地夏季水泥路面温度 50℃，而植草地面只有 42℃，对近地气候的改善影响很大。盖格在其经典著作《近地气候问题》一书中，阐述了地面上 1.5 m 高度内空气层的温度随空间与时间所发生的巨大变化。温度受土壤反射率及其密度的影响，还受夜间辐射、气流以及土壤被建筑物或种植物遮挡情况的影响。

在大城市人口高度集中的情况下，不得不建造中高层建筑。中高层建筑之间距显得十分重要，如果在冬至日居室有 2 h 的日照时间，在此间距范围内栽种植物，有助于改善小范围的热环境。

水是气温稳定的首要因素。城市中的河流、水池、雨水、蒸汽、城市排水及土壤和植物中的水分都将影响城市的温、湿度。这是因为水的比热容大，升温不容易，降温也较困难。水冻结时放出热量，融化时吸收热量。尤其在蒸发情况下，将吸收大量的热量。

当城市的附近有大面积的湖泊和水库时，效果就更加明显。如芜湖市，位于长江东部，是拥有数十万人口的中等规模的工业城市。夏季高温酷热，日平均气温超过 35℃的日数达 35 天，而市中心的镜湖公园，虽然该湖的水面积仅约 25 万 m^2，但是对城市气温却有较明显的影响。

水面对改善城市的温、湿度及形成局部的地方风都有明显的作用。据测试资料说明，在杭州西湖岸边、南京玄武湖岸边和上海黄浦江边的夏季气温比城市内陆区域都低 2 ~ 4℃。同时由于水陆的热效应不同，导致水陆的表面受热不匀，引起局部热压差而形成白天向陆、夜间向江湖的日夜交替的水陆风。成片的绿树地带与附近的建筑地段之间，因两者升降温度速度不一，可出现差不多风速为 1 m/s 的局地风，即林源风。

2. 遮阳降温

调查资料表明，茂盛的树木能挡住 50% ~ 90% 的太阳辐射热。草地上的草可以遮挡 80% 左右的太阳光线。据实地测定：正常生长的大叶榕、橡胶榕、白兰花、荔枝和白千层树下，在离地面 1.5 m 高处，透过的太阳辐射热只有 10% 左右；柳树、桂木、刺桐和芒果等树下，透过的太阳辐射热为 40% ~ 50%。由于绿化的遮阴，可使建筑物和地面的表面温度降低很多，绿化了的地面辐射热为一般没有绿化地面的 1/15 ~ 1/4。

炎热的夏天，当太阳直射在大地时，树木浓密的树冠可把太阳辐射的 20% ~ 25% 反射到天空中，把 35% 吸收掉。同时树木的蒸腾作用还要吸收大量的热。每公顷生长旺盛的森林，每天要向空中蒸腾 8 t 水分。同一时间，消耗热量 16.72 亿 kJ。天气晴朗时，林荫下的气温明显比空旷地区低。

3. 绿化品种与规划

建筑绿化品种主要分为乔木、灌木和草地。灌木和草地主要是通过蒸发降温来改善室外热环境，而乔木还具备遮阳、降温的作用。因此，从改善热环境的作用而言：乔木＞灌木＞草地。

乔木的生长形态有伞形、广卵形、圆头形、锥形、散形等。有的树形可以由人工修剪加以设计，特别是散形的树木。

一般而言，南方地区适宜种植遮阳的树木，其树冠呈伞形或圆柱形，主要品种有凤凰树、大叶榕、细叶榕等。它们的特点是覆盖空间大，而且高耸，对风的阻挡作用小。此外，攀缘植物如紫藤、牵牛花、爆竹花、葡萄藤、爬墙虎、珊瑚藤等能构成水平或垂直遮阳，对热环境改善也有一定作用。

根据绿色的功能，城市的绿化形态可分为分散型绿化、绿化带型绿化、通过建筑的高层化而开放地面空间并绿化等类型。

分散型绿化可以起到使整个城市热岛效应强度减弱的效果；绿化带型绿化可起到将大城市所形成的巨大的热岛效应分割成小块的作用。

（1）分散型绿化

绿化与提高人们的生活环境质量和增强城市景观效益，改善城市过密而产生的热环境是密不可分的。在绿化稀少、城市过密的环境中，增加绿地占比是最现实的措施。分散型绿化，也可以认为是确保多数小范围的绿化空间的方法。随着建筑物的高层化，绿化的空间不仅是在平面（地表面）上的绿化，而且也应该考虑在垂直方向（立体的空间）的绿化。

在地表面的绿化设计中，宜采用复合绿化，绿化布置采用乔木、灌木与草地相结合的方式，以提高空间利用效率，同时采用分散型绿化，并且探讨如何使分散型绿化成为连续型和网络型绿化。

由于城市高密度化和高层化发展，城市绿地越来越少，伴随着多层和高层住宅的大量涌现，现在实际中已经很难做到户户有庭院、家家设花园了。在这种情形下，为了尽量增加住宅区的绿化面积和满足城市居民对绿地的向往及对户外生活的渴望，建议在多层或高层住宅中利用阳台进行绿化，或者把阳台扩大组成小花园，同时主张发展屋顶花园。

屋顶花园在鳞次栉比的城市建筑中，可使高层居住和工作的人们能避免来自太阳和低层部分屋面反射的眩光和辐射热；屋顶绿化可使屋面隔热，减少雨水的渗透；能增加住宅区的绿化面积，加强自然景观，改善居民户外生活的环境，维持生态平衡。

（2）绿化带型绿化

城市热岛效应的强度（市区与郊外的温度差），一般来说城市的面积或人口规模越大其强度越大，建筑物密度越高其强度也越大。对连续而宽广的城市，应该用绿地适当地进行分隔或划分成区段，这样可以分割城市的热岛效应。对热岛效应的分割需要 150 ~ 200 m 宽度的绿化带。这些绿地在夏季可作为具有“凉爽之地”效果的娱乐场所，对维持城市的环境质量也是不可或缺的。

城市内的河流，由于气温低的海风可以沿着河流刮向市区的缘故，在夏季的白天起到了对城市热岛效应的分割作用。在日本许多沿海分布的城市里，在城市规划中就充分利用了这种效果。

（三）遮阳构件

在夏季，遮阳是一种较好的室外降温措施。在城市户外公共空间设计中，如何利用各种遮阳设施，提供安全、舒适的公共活动空间是十分必要的。一般而言，室外遮阳形式主要有人工构件遮阳、绿化遮阳、建筑遮阳。下面主要介绍人工遮阳构件。

1. 遮阳伞（篷）、张拉膜、玻璃纤维织物等

遮阳伞是现代城市公共空间中最常见、方便的遮阳措施。很多商家在举行室外活动时，往往利用巨大的遮阳伞来遮挡夏季强烈的阳光。

随着经济发展，张拉膜等先进技术也逐渐运用到室外遮阳上来。利用张拉膜打造的构筑物既可以遮阳、避雨，又有很高的景观价值，所以经常被用来构筑场地的地标。

2. 百叶遮阳

与遮阳伞、张拉膜相比，百叶遮阳优点很多：首先，百叶遮阳通风效果较好，大大降低了其表面温度，提升环境舒适度；其次，通过对百叶角度的合理设计，利用冬、夏太阳高度角的区别，获得更加合理利用太阳能的效果；最后，百叶遮阳光影富有变化，有很强的韵律感，能创造丰富的光影效果。

3. 绿化遮阳构件

绿化与廊架结合是一种很好的遮阳构件，值得大量推广。一方面其充分利用了绿色植物的蒸发降温和遮阳效果，大大降低了环境温度和辐射；另一方面绿色遮阳构件又有很高的景观价值。

第二节　绿色建筑的室内环境

一、建筑室内噪声及控制

建筑室内的噪声主要来自生产噪声、街道噪声和生活噪声。生产噪声来自附近的工矿企业、建筑工地。街道噪声的来源主要有交通车辆的喇叭声、发动机声、轮胎与地面的摩擦声、制动声、火车的汽笛声和压轨声等。飞机在建筑上低空飞过时也可以造成很大的噪声。建筑室内的生活噪声来自暖气、通风、冲水式厕所、浴池、电梯等的使用过程和居民生活活动（家具移动、高声谈笑、过于响亮的收音机和电视机声，以及小孩吵闹声等）。住宅噪声的传声途径主要是经空气和建筑物实体传播。经空气传播的声音通常称为空气传声，经建筑物实体传播的声音通常称为结构传声。

（一）噪声的危害

人类社会工业革命的科技发展，使得噪声的发生范围越来越广，发生频率也越来越高，越来越多的地区暴露于严重的噪声污染之中，噪声正日益成为环境污染的一大公害。其危害主要表现在它对环境和人体健康方面的影响。

1. 对睡眠、工作、交谈、收听和思考的影响

噪声影响睡眠的数量和质量。通常，人的睡眠分为瞌睡、入睡、睡着和熟睡四个阶段，熟睡阶段越长睡眠质量越好。研究表明，在 40 ~ 50 dB 噪声作用下，会干扰正常的睡眠。突然的噪声在 40 dB 时，可使 10% 的人惊醒，60 dB 时会使 70% 的人惊醒，当连续噪声声级达到 70 dB 时，会对 50% 的人睡觉产生影响。噪声分散人的注意力，容易使人疲劳，心情烦躁，反应迟钝，降低工作效率。当噪声为 60 ~ 80 dB 时，工作效率开始降低，到 90 dB 以上时，差错率大大增加，甚至造成工伤事故。噪声干扰语言交谈与听力，当房间内的噪声级达 55 dB 以上时，50% 住户的谈话和听力受到影响，若噪声达到 65 dB 以上，

则必须高声才能交谈，如噪声达到 90 dB 以上，则无法交谈。噪声对思考也有影响，突然的噪声干扰会使人无法思想集中。

2. 对听觉器官的影响

噪声会造成人的听觉器官损伤。在强噪声环境下，人会感到刺耳难受、疼痛、听力下降、耳鸣，甚至引起不能复原的器质性病变，即噪声性耳聋。噪声性耳聋是指 500 Hz 1000 Hz，2000 Hz 三个频率的平均听力损失超过 25 dB。若在噪声为 85 dB 条件下长期暴露 15 年和 30 年，噪声性耳聋发病率分别为 5% 和 8%；而在噪声为 90 dB 条件下长期暴露 15 年和 30 年，噪声性耳聋发病率提高为 14% 和 18%。目前，一般国家确定的听力保护标准为 85 ~ 90 dB。

3. 对人体健康的影响

噪声作用于中枢神经系统，使大脑皮层功能受到抑制，出现头疼、脑胀、记忆力减退等症状；噪声会使人食欲不振、恶心、肠胃蠕动和胃液分泌功能降低，引起消化系统紊乱；噪声会使交感神经紧张，从而出现心脏跳动加快、心律不齐，引起高血压、心脏病、动脉硬化等心血管疾病；噪声还会使视力清晰度降低，并且常常伴有视力减退、眼花、瞳孔扩大等视觉器官的损伤。

4. 噪声控制的途径

噪声自声源发出后，经过中间环节的传播、扩散到达接收者，因此解决噪声污染问题就必须从噪声源、传播途径和接收者三个方面分别采取在经济上、技术上和要求上合理的措施。

（1）降低噪声源的辐射

工业、交通运输业可选用低噪声的生产设备和生产工艺，或是改变噪声源的运动方式（如用阻尼隔震等措施降低固体发声体的震动，用减少涡流、降低流速等措施降低液体和气体声源辐射）。

（2）控制噪声的传播

改变声源已经发出的噪声的传播途径，如采用吸声降噪、隔声等措施。

（3）采取防护措施

如处在噪声环境中的工人可戴耳塞、耳罩或头盔等护耳器。

（二）环境噪声的控制

1. 环境噪声的控制步骤

确定噪声控制方案的步骤：（1）调查噪声现状，以确定噪声的声压级；同时了解噪声产生的原因及周围的环境情况；（2）根据噪声现状和有关的噪声允许标准，确定所需降低的噪声声压级数值；（3）根据需要和可能，采取综合的降噪措施（从城市规划、总图布置、单体建筑设计直到构建隔声、吸声降噪、消声、减振等各种措施）。

2. 城市的声环境

城市的声环境是城市环境质量评价的重要方面。合理的城市规划布局是减轻与防止噪声污染的一项最有效、最经济的措施。

我国的城市噪声主要来源于道路交通噪声，其次是工业噪声。道路交通噪声声级取决于车流量、车辆类型、行驶速度、道路坡度、交叉口和干道两侧的建筑物、空气声和地面振动等。工厂噪声是固定声源，其频谱、声级和干扰程度的变化都很大，夜班生产对附近的住宅区也有严重的干扰。地面和地下铁路交通的噪声和震动，受路堤、路堑以及桥梁的影响，出现的周期、声级、频谱等都可能很不相同，这种噪声来自一个不变的方向，因而对城市用地的各部分的影响是不同的。而飞机噪声对整个建筑用地的影响是一样的，其干扰程度取决于噪声级、噪声出现的周期以及可能出现的最强的噪声源。

（1）合理布置城市噪声源

在规划和建设新城市时，考虑其合理的功能分区、居住用地、工业用地以及交通运输等用地有适宜的相对位置的重要依据之一，就是防止噪声和震动的污染。对于机场、重工业区、高速公路等强噪声源用地，一般应规划在远离市区的地带。

对现有城市的改建规划，应当依据城市的基本噪声源图，调整城市住宅用地，拟订解决噪声污染的综合性城市建设方案。

（2）控制城市交通噪声

禁止过境车辆穿越城市市区，根据交通流量改善城市道路和交通网都是有效的措施。道路系统将城市分为若干大的区域，并且再分为许多小的地区，城市道路分为主要道路、地区道路和市内道路三个等级。主要道路供交通车辆进入城市，并使车辆有可能尽快地到达其地区预定地点；车辆到达预定地区后，可经由地区道路到达通往市内道路的路口，车辆经由市内道路进入市内地区，所有市内道路都是死胡同，以免作为地区道路通行。

按照这个设想，在不同等级道路上的车流量必然不同。市内道路车流量最少，因而交通噪声的平均声级也较低。对声音敏感的建筑，例如，住宅、学校、医院、图书馆等，可分布在这种地区。商店、一般的办公建筑及服务设施，可沿着地区道路设置，从而对要求安静的地区起到遮挡噪声的屏障作用。

3. 控制城市噪声的主要措施

（1）与噪声源保持必要的距离

声源发出的噪声声级会随距离增加产生衰减，因此控制噪声敏感建筑与噪声源的距离能有效地控制噪声污染。对于点声源发出的球面波，距声源距离增加 1 倍，噪声级降低 6 dB；而对于线性声源，距声源距离增加 1 倍，噪声级降低 3 dB；对于交通车流，既不能作为点声源考虑，也不是真正的线声源，因为各车流辐射的噪声不同，车辆之间的距离也不一样，在这种情况下，噪声的平均衰减率介于点声源和线声源之间。

（2）利用屏障降低噪声

如果在声源和接收者之间设置屏障，屏障声影响区的噪声能够有效地降低。影响屏障降低噪声效果的因素主要有：①连续声波和衍射声波经过的总距离；②屏障伸入到直达声途径中的部分；③衍射的角度；④噪声的频谱。

（3）利用绿化减弱噪声

设置绿化带既能隔声，又能防尘、美化环境、调节气候。在绿化空间，当声能投射到树叶上时被反射到各个方向，而叶片之间多次反射使声能转变为动能和热能，噪声被减弱或消失了。专家对不同树种的减噪能力进行了研究，最大的减噪量约为 10 dB。在设计绿色屏障时，要选择叶片大、具有坚硬结构的树种。所以，一般选用常绿灌木、乔木结合作为主要培植方式，保证四季均能起降噪效果。

（三）建筑群及建筑单体噪声的控制

1. 优化总体规划设计

在规划及设计中采用缓和交通噪声的设计和技术方法，首先从声源入手，标本兼治，主要治本。在居住区的外围没有交通噪声是不可能的，控制车流量是减少交通噪声的关键。对于居住区的建设，在确定其用地前应从声环境的角度论证其可行性，切忌片面追求“城市景观”而不惜抛弃其他原则。要把噪声控制作为居住区建设项目可行性研究的一个方面，列为必要的基建程序。在住宅建成后，环境噪声是否达到标准，应作为验收的一个项目。组团一般以小区主干道为分界线，组团内道路一般不通行机动车，需从技术上处理区内的人车分流，并加强交通管理。主要措施如下：

（1）可在居民组团的入口处或在居住区范围内统一考虑和设置机动车停车场，限制机动车辆深入居住组团。保持低的车流量和车速，降低行车噪声、汽车报警声和摩托车噪声的影响；（2）组团采用尽端式道路，或减少组团的出、人口数量，阻止车辆横穿居住组团。公共汽车首、末站不能设在居住区内部；（3）加强对居住区的交通管理，在居住组团的出、人口处或在居住区的出、入口处设置门卫、居委会或交通管理机构。

2. 临街布置对噪声不敏感的建筑

住宅退离红线总有一定的限度，绿化带宽度有限时隔声效果就不显著。替代的办法是临街配置对噪声不敏感的建筑作为“屏障”，降低噪声对其后居住区的影响。对噪声不敏感的建筑物是指本身无防噪要求的建筑物（如商业建筑），以及虽有防噪要求但外围护结构有较好的防噪能力的建筑物（如有空调设备的宾馆）。

利用噪声的传播特点，在居住区设计时，将对噪声限制要求不高的公共建筑布置在临街靠近噪声源的一侧，对区内的住宅能起到较好的隔声效果。对于受交通噪声影响的临街住宅，由于条件限制而不能把室外的交通噪声降低到理想水平，一般多采用“牺牲一线，保护一片”的总平面布局。沿街住宅受干扰较大，但可在住宅个体设计中采取措施，而小区其他住宅和庭院则受益较大。

3. 在住宅平面设计与构造设计中提高防噪能力

由于基地技术因素或其他限制，在缓和噪声措施未能达到政府所规定的噪声标准的情况下，用住宅围护阻隔的方法减弱噪声是一种较好的方法。在进行建筑设计前，应对建筑物防噪间距、朝向选择及平面布置等进行综合考虑。在防噪的平面设计中优先保证卧室安静，即沿街单元式住宅，力求将主要卧室布置在背向街道一侧，住宅靠街的那一面布置住宅中的辅助用房，如楼梯间、储藏室、厨房、浴室等。当上述条件难以满足时，可利用临街的公共走廊或阳台，采取隔声减噪处理措施。

在外墙隔声中，门窗隔声性能应作为衡量门窗质量的重要指标。制作工艺精密、密封性好的铝合金窗、塑钢窗，其隔声效果明显好于一般的空腹钢窗。厚 4 mm 单玻璃铝合金窗隔声量更是有显著的提高。改良后的双玻空腹钢窗也可达 30 dB 左右。关窗，再加上窗的隔声性能好（或采用双层窗），噪声就可以降下来。但在炎热的夏季完全将窗密封是不可能的，可以应用自然通风采光隔声组合窗。目前，通风降噪窗隔声量可达 25 dB 以上。这种窗用无色透明塑料板构成微穿孔共振吸声复合结构，除能透光、透视外，其间隙还可进行自然通风，同时又能有效降噪。据测，其实际效果相当于一般窗户关闭时的隔声量，无论在热工方面还是在隔声方面都基本上满足要求。

4. 建筑内部的隔声

建筑内部的噪声大多是通过墙体传声和楼板传声传播的，主要是靠提高建筑物内部构件（墙体和楼板）的隔声能力来解决。

当前，众多的高层住宅出于减轻自重方面的考虑广泛采用轻质隔墙或减少分户墙的厚度，导致其空气声隔声性能不能满足使用要求。当使用轻质隔墙时，应选用隔声性能满足国家标准要求的构造。

另外，要保证分户墙满足空气声隔声的使用要求，分户墙应禁止对穿开孔。若要安装电源插座等，也应错开布置，尽量控制开孔深度，且做好密封处理。能达到设计目标隔声标准的分户墙可采取以下做法：（1）200 mm 厚加气混凝土砌块，双面抹灰；（2）190 mm 厚混凝土空心砌块墙，双面抹灰；（3）200 mm 厚蒸压粉煤灰砖墙，双面抹灰；（4）双层双面纸面石膏板（每面 2 层厚 12 mm），中空 75 mm，内填厚 50 mm 离心玻璃棉。

楼板撞击声隔声性能方面，常用光秃楼板的撞击声隔声量均超过国家标准要求。提高楼板撞击声隔声性能通常采取如下三种措施：（1）采用弹性材料垫层，如铺设地毯；（2）采用浮筑楼板构造，即在楼板的基层和面层之间加一弹性垫层，将上、下两层完全隔开，使地面产生的震动只有一小部分传至楼板基层；（3）设置弹性吊顶，可减弱基层楼板震动时向下辐射的声能。

5. 借鉴成功经验

在居住区交通噪声防治方面，国内外已有许多成功的案例，比如可以以噪治噪，即利用噪声来降低噪声，它主要是根据交通噪声的频谱分析情况，给它一个衰减频率，达到降低噪声的目的。

居民受到铁路和航空噪声的干扰是令人头痛的事。火车站大多建在市区，因此铁路线必然贯穿市区，容易引起大面积地对居民的干扰。有一个处理较好的例子是江苏常州市新建的虹梅住宅小区，它虽建在铁路沿线上，由于在建筑上采取了多种防声措施，如以沿线外墙不开窗的四层住宅作为小区声屏障（高 12 m，延伸 400 m），使居住区内基本上达到国家规定的标准，而且也增加了沿铁路线住宅的建造面积，增加了效益。

居住区内部交通噪声的防治，控制交通流量是减少内部交通噪声的关键。以下几个实例可以说明：法国巴黎玛丽莱劳小区为城市道路所包围，小区内部道路为步行路，车辆不准入内，停车场设在小区外围城市道路的旁边，靠近每个住宅组团的入口。古巴哈瓦那东哈瓦那居住区的车辆可进入小区，车行道自城市道路经住宅组团之间进入小区后成为尽端路。这样布置方便了居民出行和回家，又可避免外部交通穿小区而过。

二、通风与散热

在人工制冷空调出现之前，解决室内环境问题的最主要方法是通风。通风的目的是排出室内的余热和余湿，补充新鲜空气和维持室内的气流场。建筑物内的通风十分必要，它是决定人们健康和舒适的重要因素之一。通风换气有自然通风和机械通风两种方式。

通风可以为人们提供新鲜空气，带走室内的热量和水分，降低室内气温和相对湿度，促进人体的汗液蒸发达到降温效果，使人们感到更舒适。目前，随着南方炎热地区节能环保意识的增强，夏季夜间通风和过渡季自然通风已经成为改善室内热环境、提高人体舒适度、减少空调使用时间的重要手段。

一般说来，住宅建筑通风包括主动式通风和被动式通风两个方面。住宅主动式通风是指利用机械设备动力组织室内通风的方法，一般与通风、空调系统进行配合。而住宅被动式通风是指采用“天然”的风压、热压作为驱动，并在此基础上充分利用包括土壤、太阳能等作为冷热源对房间进行降温（或升温）的被动式通风技术，包括如何处理好室内气流组织，提高通风效率，保证室内卫生、健康并节约能源。具体设计时应考虑气流路线经过人的活动范围：通风换气量要满足基本的卫生要求；风速要适宜，最好为 0.3 ~ 1.0 m/s；保证通风的可控性；在满足热环境和室内人员卫生的前提下尽可能节约能源。应注意的是，住宅建筑主动式通风应合理设计，否则会显著影响建筑空调、采暖能耗。例如，采暖地区住宅通风能耗已占冬季采暖热指标的 30% 以上。原因是运行过程中的室内采暖设备不可控以及开窗时通风不可调节。

（一）被动式自然通风

建筑通风是由于建筑物的开口处（门、窗等）存在压力差而产生的空气流动。被动式通风分热压通风和风压通风两类。热压通风的动力是由室内外温差和建筑开口（如门、窗等）高差引起的密度差造成的。因此，只要有窗孔高差和室内外温差的存在就可以形成通风，并且温差、高差越大，通风效果越好。风压通风是指在室外风的作用下，建筑迎风面气流受阻，动压降低，静压增高，侧面和背风面由于产生局部涡流，静压降低，与远处未受干扰的气流相比，这种静压的升高或降低统称为风压。静压升高，风压为正，称为正压；静压下降，风压为负，称为负压。当建筑物的外围结构有两个风压值不同的开口时就会形成通风。通常，室内自然通风的形成，既有热压通风的因素，也有风压通风的原因。实际设计中，应结合气候特点，通过合理的建筑群布局、单体形式、室内空间、建筑开口（位置、尺寸、相对关系）等，将二者有机结合，改善室内热环境并实现住宅节能。对于不同类型的建筑来说，实现建筑通风的技术手段各不相同。

被动式自然通风系统又分为无管道自然通风系统和有管道自然通风系统两种形式。无管道通风是指上述所说的，经开着的门、窗所进行的通风透气，适于温暖地区和寒冷地区的温暖季节。而在寒冷季节里的封闭房间，由于门、窗紧闭，故需专用的通风管道进行换气，有管道通风系统包括进气管和排气管。进气管均匀排在纵墙上，在南方，进气管通常设在墙下方，以利通风降温；在北方，进气管宜设在墙体上方，以避免冷气流直接吹到人。

在合理利用被动式自然通风的节能策略过程中，建筑师起着举足轻重的作用，如果没有建筑设计方案的可行性保证，采用自然通风节能是无法实现的。在建筑设计和建造时，建筑开口的控制要素——洞口位置、面积大小、个数、最大开启度等已成定局；在建筑使用过程中，通风的防与控往往是通过对洞口的关闭或灵活的开度调节实现的。建筑房间的开口越大，传热也越多，建筑的气候适应性越好，但抵御气候变化的能力越差。在高寒地区的冬季，通风换气与防寒保温存在着很大的矛盾，在进行通风换气时应认真考虑解决好这一矛盾。对通风预防策略的一个方面是使建筑房间尽可能变成一个密闭空间，消除其建筑开口。例如，在寒冷地区，设置门斗过渡空间较为普遍，通过门外加门、两门错位且一开一闭增强了建筑的密闭功能；门帘或风幕的设置也是增强建筑密闭性的一种简易方式。但建筑是以人为本的活动空间，对于人流量较大的公共建筑，建筑入口通道的设计处理体现通风调控策略。

（二）家庭主动式机械通风

当自然通风不能保证室内的温、湿度要求时，可启动电风扇进行机械通风。虽然空调采暖设备已进入千家万户、居室装修成为时尚后，电风扇淡出了房间，机械通风的利用被大大淡化了。但实际上，风扇可以增加室内空气流动，降低体感温度。若空调、电扇切换使用，可以显著降低空调运行时间，强化夜间通风和建筑蓄冷效果。

在炎热地区，加强夜间通风对提高室内热舒适非常有效。一天中并非所有时刻室外气温都高于室内所需要的舒适温度。由于夜间的空气温度比白天更低，与舒适温度的上限（26℃）差值更大，因此加强夜间通风不仅可以保证室内舒适，而且有利于带走白天墙体的蓄热，使其充分冷却，减少次日空调运行时间，有人预测可以实现 2% ~ 4% 的节能效果。故而许多人把加强夜间通风视为南方建筑节能的措施之一。但夜间温度也是变化的，泛泛谈论夜间通风不够严谨;通风时间长短、时段的选择对通风实际效果至关重要，凌晨4～6时是夜间通风的最佳时段。

目前，国内外还在研究新型置换通风。其基本特征是水平方向会产生热力分层现象。置换通风下送上回的特点决定了空气在水平方向会分层，并产生温度梯度。如果在底部送新鲜的冷空气，那么最热的空气层在顶部，最冷的空气层在底部。置换空气在水平方向汇入上升气流，由于送风量有限，在某一高度送风会产生循环。把产生循环的分界面高度称为分界高度。为了获得良好的空气品质，通风量必须满足一定要求，因此也不是任何地方都适合使用置换通风。下列情形更适合采用置换通风:（1）层高大的房间，例如房间层高大于3 m;（2）供给空气比环境空气温度低;（3）房间空气湍流扰动不大;（4）污染物质比环境空气温度高或密度小。

随着空调技术的发展，出现了“置换通风末端＋冷却吊顶”相结合的送风装置。置换通风末端装置＋冷却吊顶形式解决了脚冷头暖的不舒适感觉的问题，置换通风末端用来保证卫生要求的通风量和消除湿负荷，冷却吊顶可以消除垂直温度梯度对人的不适感觉。冷却吊顶的应用相对传统的空调系统有特殊意义，就是其采用了辐射换热技术，传统的混合通风是采用对流为主的传热方式，而冷却吊顶辐射换热的比例大大提高。

三、室内空气质量

随着我国经济的发展和人们消费观念的变化，室内装修盛行，且装修支出越来越高，但天然有机装修材料（如天然原木）的使用越来越少。而大部分人造材料（如人造板材、地毯、壁纸、胶黏剂等）是室内挥发性有机化合物（VOC）的主要来源，尤其是空调的普遍使用，要求建筑围护结构及门、窗等有良好的密封性能，以达到节能的目的，而现行设计的空调系统多数新风量不足，在这种情况下容易造成室内空气质量的极度恶化。在这样的环境中，人们往往会出现头疼、头晕、过敏性疲劳和眼、鼻、喉刺痛等不适感，人体健康将受到极大的影响。

（一）室内污染源与空气污染物

室内空气污染物的来源是多方面的，研究发现，室内空气污染物主要来源于室内和室外两个方面。室内来源主要有两个方面：一是人们在室内活动产生的，包括人的行走、呼吸、吸烟、烹调、使用家用电器等，可产生SO_2、CO_2、NO_x可吸入颗粒物、细菌、尼古丁等污染物；二是建筑材料、装修材料和室内家具中所含的挥发性有机化合物，在使用过程中可向室内释放多种挥发性有机化合物，如苯、甲苯、二甲苯、甲醛、三氯甲烷、三氯乙烯及HN_3等。室外来源主要是室外被污染了的空气，其污染程度会随时间不断地变化，所以其对室内的影响也处于不断变化中。

室内空气污染物中对人体危害最大的是挥发性有机化合物。其污染源主要是装修中所采用的各种材料，如油漆、有机溶剂、胶合板、涂料、黏合剂、塑料贴面和大芯板等。在室内会释放出一定浓度的有毒有害有机污染物气体，特别是在有空调的密闭房间内，由于空气得不到流通，加上人生产、生活的活动，会产生挥发性有机化合物和可吸入颗粒物等。

（二）室内污染物对人体的危害

室内空气品质是一系列因素作用的结果，这些因素包括室外空气质量、建筑围护结构的设计、通风系统的设计、系统的操作和维护措施、污染物源及其散发强度等。室内空气污染一部分是外界环境污染由围护结构（门、窗等）渗入或由空调系统新风进入，其随地点、季节、时间等变化有较大的变化；绝大部分是由室内环境自身原因所造成的，污染程度随室内环境（如室内容积、通风量、自然清除等）和室内人员活动的不同有较大范围的变化。减少室内吸烟的人员数量和时间对减少污染程度也是非常关键的。

一般无家具的住宅的室内的污染主要来自地板、油漆、涂料等装潢材料，甲醛和苯的放散量较少，而油漆涂料在风干过程中挥发性有机化合物放散量较大。在对已入住的住宅调查中发现，因装修引起的污染正在逐步减少，取而代之的是由于新家具中的甲醛和挥发性有机化合物造成的第二次污染。在接受测试的三种有害物中，甲醛的问题最为严重，挥发性有机化合物的情况次之，苯的情况相对较好。

（三）室内空气环境的监测与标准

我国于 2010 年 8 月 18 日由住房和城乡建设部会同国家质量监督检验检疫总局联合发布了《民用建筑工程室内环境污染控制规范》。该规范的目的是控制由建筑材料和装修材料引起的室内环境污染。国家质量监督检验检疫总局国家标准化管理委员会负责修订了《室内装饰装修材料有害物质限量 10 项国家标准》。

（四）减少室内污染物的措施

1. 通风换气

预防室内环境污染，首先应尽可能改善通风条件，减轻空气污染的程度。开窗通风能使室内污染物浓度显著降低。不通风是指关闭门、窗 12 h，通风指开门、窗通风时间为 2 h。室内甲醛浓度可在通风 2 h 后大幅下降，最大可达 83%，最小也有 36%，并且都符合国家标准。所以通风是最好、最简单的降低室内污染的有效措施。

也有人认为，室外空气的质量也很差，换气可能会增加污染。事实上，总的来说室外的大环境决定室内的小环境，室内小环境只在可过滤粉尘等指标上能优于室外大环境。

对于室外空气污染严重的情况，如果是短时间的阶段污染，可以在污染期间关闭门、窗减少交换，并向有关部门要求整改此种现象；如果是长期的危及生命安全的大气污染，只能放弃居住。除了太空舱，不可能用吸附或其他办法造一个与外界无关的小环境。

很多人认为，室内空气不好，买一个吸附器就行了。吸附器多是采用活性炭等物理吸附材料，对空气中的大分子污染物进行吸附以降低污染浓度的，对各类污染物基本都有效。但一般只重视买来用，而不重视换滤芯。对于活性炭而言，其吸附能力随着附着物的增加而不断下降，最终失效。失效后的滤芯如果不及时更换，甚至还会在室内空气很好时向室内反向散发污染。但滤芯更换费用高且麻烦，所以一般这样的设备最后都成了摆设。

建议住户经常保持室内通风，一般早晨开窗换气应不少于 15 min。写字楼和百货商场等公共场所尤其要注意增加室内新风量。学校最好利用体育课及课间 10 min 开窗换气。老人、孩子等免疫力比较弱的人群可适量地做些户外活动，但应避免在一些大型公共场所长时间逗留。

2. 选择合格的建筑材料和家具

要从根本上消除室内污染，必须消除污染源。除了开发商在建造房屋时要选择合格的材料之外，住户在装修房子时也要选用环保材料，找正规的装修公司进行装修。

大芯板、水泥和防水涂料是家庭装修中最先进场的三大基础材料，对今后装修质量的影响也很大。细木工板也是装修中最主要的材料之一，可做家具和包木门及门套、暖气罩、窗帘盒等，其防水、防潮性能优于刨花板和中密度板。

挑选大芯板时，重点看内部木材，不宜过碎，木材之间缝隙在 3 mm 左右的板为宜。家庭装饰装修只能使用 E1 级的大芯板。E2 级大芯板甲醛含量可能要超过 E1 级大芯板 3 倍多，所以绝对不能用于家庭装饰装修。如果大芯板散发木材的清香，说明甲醛释放量较少；如果气味刺鼻，说明甲醛释放量较多，不要购买。

要对不能进行饰面处理的大芯板进行净化和封闭处理，特别是装修的背板、各种柜内板和暖气罩内等。目前专家研究出甲醛封闭剂、甲醛封闭蜡及消除和封闭甲醛的气雾剂，同时使用效果最好。

适度装修能有效减少装修污染，即使是合格的建材和装修材料，大量使用也会造成污染物的累积，最终造成污染物总量超标。

3. 室内盆栽

绿色植物对居室的空气具有很好的净化作用。家具和装修所产生的 VOC 有害物质吸附和分解速度慢，作用时间长，为创造一个良好的室内环境可以在室内摆放盆栽花木，有些绿色植物是清除装修污染的“清道夫”。绿色植物对不同的室内有害气体具有不同的吸附和分解作用，如果在室内多放一些绿色植物，其效果非常明显。

绿色植物对有害物质的吸收能力之强，令人吃惊。例如，美国科学家威廉·沃维尔经过多年测试，发现各种绿色植物都能有效地吸收空气中的化学物质并将它们转化为自己的养料：在 24 h 照明的条件下，芦荟消灭了 1 m^3 空气中所含的 90% 的甲醛，常青藤消灭了 90% 的苯，龙舌兰可吞食 70% 的苯、50% 的甲醛和 24% 的三氯乙烯，垂挂蓝能吞食 96% 的一氧化碳、86% 的甲醛。美国宇航局在为太空站研制空气净化系统的实验中，也发现在充满甲醛气体的密封室内，吊兰、鸭跖草和竹能在 6 h 后使甲醛减少 50% 左右，24 h 后即减少 90% 左右。

在居室中，每 10m^2 放置一两盆花草，基本上就可达到清除污染的效果。这些能净化室内环境的花草有：

（1）芦荟、吊兰、鸭跖草和虎尾兰，对室内污染物甲醛有极强的吸收能力，可清除甲醛。15m² 的居室，放置两盆虎尾兰或吊兰，就可保持空气清新，不受甲醛之害。虎尾兰，白天还可以释放出大量的氧气。吊兰，还能排放出杀菌素，杀死病菌，若房间里放置足够的吊兰，24 h 之内，80% 的有害物质会被杀死；吊兰还可以有效地吸收二氧化碳；

（2）紫菀属、含烟草和鸡冠花，这类植物能吸收大量的铀等放射性核素；

（3）常青藤、月季、蔷薇、芦荟和万年青，可有效清除室内的三氯乙烯、硫化氢、苯、苯酚、氟化氢和乙醚等；

（4）桉树、天门冬、大戟、仙人掌，能杀死病菌。天门冬，还可清除重金属微粒；

（5）常春藤、无花果、蓬莱蕉，不仅能抵抗从室外带回来的细菌和其他有害物质，甚至可以吸附连吸尘器都难以吸到的灰尘；

（6）龟背竹、一叶兰，可吸收室内 80% 以上的有害气体；

（7）柑橘、迷迭香，可使室内空气中的细菌和微生物大为减少；

（8）紫藤，对二氧化硫、氯气和氟化氢的抗性较强，对铬也有一定的抗性。

4. 仪器设备吸收分解

上述方法仅仅调节室内环境，虽能降低室内甲醛浓度，但还不能达到理想结果，尤其在甲醛释放初期，需要采用空气净化技术。现场治理空气净化技术主要有物理吸附技术、催化技术、空气负离子技术、臭氧氧化技术、化学中和技术、常温催化氧化技术、生物技术、材料封闭技术等。

第一，物理吸附主要利用某些有吸附能力的物质吸附有害物质，而达到去除有害污染的目的。常用的吸附剂为颗粒活性炭、活性炭纤维、沸石、分子筛、多孔黏土矿石、硅胶等。对室内甲醛、苯等污染物有较好去除效果。活性炭纤维也是吸附剂中最引人注目的碳质吸附剂。国外研究发现，在装有活性炭的花盆中栽培具有甲醛净化性能的植物，其对甲醛去除效果比单纯的活性炭吸附要好；但物理吸附的吸附速率慢，对新装修几个月的室内的甲醛的去除不明显，且吸附剂需要定时更换。

第二，催化技术以催化为主，结合超微过滤，从而保证在常温、常压下使多种有害、有味气体分解成无害、无味物质，由单纯的物理吸附转变为化学吸附，不产生二次污染。目前市场上的有害气体吸附器和家具吸附宝都属于这类产品。纳米光催化技术是近几年发展起来的一项空气净化技术，如“空气清”等，它主要是利用二氧化钛的光催化性能氧化苯类、甲醛、氨气等有害气体，生成二氧化碳和水，使各种异味得以消除。该技术已经越来越受到重视，成为空气污染治理技术的研究热点。

第三，空气负离子技术，采用负离子和光离子及纳米技术，消除室内甲醛、苯、总挥发性有机化合物（TVOC）等有害物质，如空气净化机等。通过电离空气中水分，源源不断地释放出负离子，可有效清除各种异味，并中和空气中的灰尘微粒，使之迅速沉降，有利于消除室内空气污染，如空气离子宝等。也有用具有明显的热电效应的稀有矿物石为原料，加入墙体材料中，在与空气接触中，电离空气及空气中的水分，产生负离子；可发生极化，并向外放电，起到净化室内空气的作用。

第四，臭氧氧化，利用臭氧的侵略性和掠夺性击破甲醛的分子式，使之变成二氧化碳和水，达到分解甲醛的目的，如一些空气处理臭氧机。通过氧化吸收甲醛，将甲醛分解成二氧化碳和水后去除，从而有效地清除甲醛，如装修除味剂、甲醛分解除臭剂、甲醛捕捉剂、甲醛吸捕剂、空气消毒机、甲醛一喷净等。

有研究表明，臭氧发生装置具有杀菌、消毒、除臭、分解有机物的能力，但臭氧法净化甲醛效率低，同时臭氧易分解，不稳定，可能会产生二次污染物，例如，当臭氧浓度 0.050 ~ 0.075 mg/m^3，甲醛浓度 3.03 ~ 8.70 mg/m^3 时，5 min 后检测，臭氧对甲醛净化效率为 41.74%。但此法应慎用，因为臭氧本身也是一种空气污染物，国家也有相应的限量标准，如果发生量控制不好的情况，就会适得其反。

综合各种措施，才能真正得到一个健康、舒适的人居环境。

第三节　绿色建筑的土地利用

在地球表面上，为人类可能提供的生存空间已经有限，在我国则已接近极限状态，节约现有土地、开拓新的生存空间刻不容缓。

一、我国土地使用制度及利用现状

土地是城市赖以生存的最重要的资源之一。城市土地利用问题一直是城市规划领域理论和实践的重要问题。从 1954 年开始无偿使用土地到 20 世纪 90 年代全面认识土地在城市开发中的基础地位，经历了一个漫长的曲折过程。原有土地使用制度阻碍了城市建设资金的良性循环，造成了土地的巨大浪费。到 80 年代初，随着国家经济体制改革和市场开放战略的实施，土地的价值逐渐被得到认识，并在 1980 年冬全国城市规划工作会议上，第一次由规划工作者提出要实现土地有偿使用（即允许土地使用权进入市场）的建议。1989 年修改的宪法允许土地所有权有偿转让。土地有偿有期限使用制度是指在土地国有条件下，当土地所有权与使用权发生分离时，土地使用者为获得一定时期土地使用权必须向土地所有者支付一定费用的一种土地使用制度。实行这一土地使用制度，有利于强化国家对土地的管理；有利于合理利用城市土地，实现城市土地的优化配置；有利于形成城市维护、建设资金的良性循环。

我国大规模的建筑开发已经对城市结构和城市形态产生了巨大的影响。据专家对北京等 31 个人口超过 100 万的城市用地规模进行卫星遥感资料测算，这 31 个城市主城区占地面积已由1986年的3 266.7 km^{2}扩大到1996年的4 906.1 km^2，增长了50.1%。城市用地增长与人口增长率之比称为用地增长弹性系数。20世纪80年代专家提出这一系数的合理值为1.12，但上述这31个特大城市的用地增长弹性系数达到2.29，城市用地增长明显高于人口增长。在引起城市规模扩大的因素中，目前城市边缘住宅区的大规模建设引起大量耕地转变为居住用地是相当重要的原因。现阶段大城市边缘大规模的城市住宅建设是以较低的容积率、高于国家标准很多的人均用地指标为前提。良好的居住环境建立在牺牲国家对城市规模的控制和浪费有限耕地的基础上，这样的发展观与科学发展观背道而驰。

二、绿色建筑的节约途径

城市的发展与我国土地资源的总体供求矛盾越来越尖锐。土地危机的解决方法主要是：应控制城市用地增量，提高现有各项城市功能用地的集约度；协调城市发展与土地资源、环境的关系，强化高效利用土地的观念，以逐步实现城市土地的持续发展。

村镇建设应合理用地、节约用地。各项建筑相对集中，允许利用原有的基地作为建设用地。新建、扩建工程及住宅应当尽量不占用耕地和林地，保护生态环境，加强绿化和村镇环境卫生建设。

珍惜和合理利用土地是我国的一项基本国策。国务院有关文件指出，各级人民政府要全面规划，切实保护、合理开发和利用土地资源；国家建设和乡（镇）村建设用地必须全面规划、合理布局；要节约用地，尽量利用荒地、劣地、坡地，不占或少占耕地。

节地，从建筑的角度上讲，是指建房活动中最大限度少占地表面积，并使绿化面积少损失、不损失。节约建筑用地，并不是不用地，不搞建设项目，而是要提高土地利用率。在城市中，节地的途径主要是：①适当建造多层、高层建筑，以提高建筑容积率，同时降低建筑密度；②利用地下空间，增加城市容量，改善城市环境；③城市居住区，提高住宅用地的集约度，为今后的持续发展留有余地，增加绿地面积，改善住区的生态环境，充分利用周边的配套公共建筑设施，合理规划用地；④在城镇、乡村建设中，提倡因地制宜，因形就势，多利用零散地、坡地建房，充分利用地方材料，保护自然环境，使建筑与自然环境互生共融，增加绿化面积；⑤开发节地建筑材料，如利用工业废渣生产的新型墙体材料，既廉价又节能、节地，是今后绿色建筑材料的发展方向。

在当今社会，人们越来越深刻地认识到作为人类生存环境基础的土地是不可再生的资源，特别是对于人口众多的我国，人均可利用的土地资源非常少，如果再不珍惜土地，将会严重影响我们当代和子孙后代的基本生存条件。

三、合理的建筑密度

在城市规划与建筑设计时，一项评价建筑用地经济性的重要指标是建筑密度，建筑密度是建筑物的占地面积与总的建设用地面积之比的百分数，也就是建筑物的首层建筑面积占总的建设用地面积的百分比。一般一个建设项目的总建设用地要合理划分为建筑占地、绿化占地、道路广场占地和其他占地。

建筑密度的合理选定与节约土地关系十分密切，先举一个简单的例子：假设要在一座城市的一个特定的区域建设 30 000m² 住宅，根据城市规划的总体要求，这一区域的建筑高度有限制，只能在地上部分建 10 层的住宅，而且地上各层的建筑外轮廓线和建筑面积要相同。两位建筑师分别做出了各自的设计方案：甲建筑师的方案建筑密度为 30%，这样推算，建筑的占地面积为 3 000m²，建设总用地面积就需要 10 000m²；乙建筑师的方案建筑密度为 40%，也照理推算，建筑的占地面积是 3 000m²，建设总用地面积就需要 7 500m²。这样，乙建筑师的方案就比甲建筑师的方案在满足设计要求的前提下还要节约建设用地 2 500m²。

从上面的举例中可以看到，同等条件下设计方案的建筑密度较高者更节约土地，并非建筑密度越大越好，而是应控制在合理的范围内。

前面谈到，在城市规划与建筑设计时，除建筑密度是影响建设用地面积的重要指标外，绿化占地、道路广场占地也是影响建设用地面积的重要因素。绿化占地面积与总的建设用地面积的百分比称为绿地率。在城市规划的基本条件要求中，一般都给出对绿地率的具体指标数据，大约为 30%，而现在提倡绿色建筑，建筑环境更应给予重视，所以绿色建筑设计的绿地率应大于 30%。由此，在建筑设计时可以进行调整的是建筑占地和道路广场占地之间的关系，道路广场占地主要是为了满足总的建设用地内的机动车辆和行人的交通组织，以及机动车辆和自行车的停放需要，只要合理地减少道路广场占地面积，就有可能合理地增加建筑密度。

建设地下停车场是目前建筑师常用的方法，虽然建设成本略有增加，车辆的行驶距离也略有增加，但可以大幅度地减少道路广场占地面积，而且为积极倡导采用的人车分流设计手法提供了基础条件。还有一种方法在对首层建筑面积不是十分苛求的办公楼和住宅楼可以采用，那就是建筑的首层部分架空，将这部分面积供道路设计使用，也可以作为绿化用地使用，由于这种方法可以使建筑的外部造型产生变化，绿化环境的空间渗透也会出现奇妙的效果，不失为节约用地的一个好办法。

四、建筑地下空间利用

想必人们对地下空间都不陌生，比如北京、上海、天津、南京、广州等大城市的地下铁路、高层建筑下面的地下停车场、明清帝王陵墓中存放石棺的地宫、大量存在的地下人防设施等。我国地下空间的历史可以追溯到秦汉时期，当时帝王的陵墓建筑中有较多的地下空间。我国古代一般为土葬，帝王们生前过着奢华的生活，死后也要把一些日常生活的用品带入地下陪葬，这些陪葬品要布置在安置棺柩的墓室旁，这就需要地下部分有一定的空间。陪葬品埋在地下，保密性较强，因为西汉以前的很多陵墓地上并没有建筑，所以盗墓与挖掘没有目标，寻找起来十分困难。后来的帝王陵墓逐渐增加了地上部分的建筑规模，地下部分就显得不那么重要了，但入土为安的传统观念使得地下墓室一直流传到封建社会的最后一个朝代——清朝。

在日常工作中，人们也很早就发现了地下空间的重要性，史书记载早在西汉时期，随着连年的战乱，用于军事的地下防御工事应运而生。在普通老百姓的家中，躲避和隐藏的地下空间也开始出现。后来，人们又发现地下空间有着独特的内部温度、湿度条件，可以用来储藏一些反季节的生鲜蔬菜和其他食品，在 20 世纪中后期，我国华北、东北地区还有大量的地下储藏空间。

在国外，因为文化传统、宗教信仰和生活习俗的不同，地下空间基本上用于防御、储藏。由于地质条件的限制，古代欧洲的地下空间以半地下的居多，便于采光和自然通风，或以堆土的方式使其成为完全的地下空间。在当今社会，欧洲的一些传统别墅的地下空间还完美地发挥着酒窖的储藏功能。

有着悠久历史的地下空间，在目前建筑技术日益发展的条件下，基本上可以实现地上建筑的功能要求，在开发和使用地下空间的同时，我们在完成着另一个重要的目的——节约土地。

随着我国城市化进程的加快，土地资源的减少成为必然。合理开发利用地下空间，是城市节约土地的有效手段之一。可以将部分城市交通，如地下铁路交通和跨江、跨海隧道，尽可能转入地下，把其他公共设施，如停车库、设备机房、商场、休闲娱乐场所等，尽可能建在地下，这样，可以实现土地资源的多重利用，提高土地的使用效率。

土地资源的多重利用还可以相对减少城市化发展占用的土地面积，有效控制城市的无限制扩展，有助于实现“紧凑型”的城市规划结构。这种城市减少了城市居民的出行距离和机动交通源，相对降低了人们对机动交通特别是对私人轿车的依赖程度，同时可以增加市民步行和骑自行车出行的比例，这将使城市的交通能耗和交通污染大幅降低，实现城市节能和环保的要求。

但在利用地下空间时，应结合建设场地的水文地质情况，处理好地下空间的出、入口与地上建筑的关系，解决好地下空间的通风、防火和防地下水渗漏等问题，同时应采用适当的建筑技术实现节能的要求。

今后，当人们享受着城市地下铁路带来的快捷交通的时候，其实也正在为城市的节约土地和创造美好的环境的目标做出贡献。

五、既有建筑的利用和改造

随着人类社会的发展，任何事物都会发生从新到旧的转变，这是一种自然规律，是不以人们的意志为转移的。建筑作为大千世界中的个体事物，也逃脱不了从新到旧的这一过程。在任何一座拥有历史的城市中，都存在着许多旧的建筑。

旧的建筑一般分为两部分：一小部分是在建筑的使用过程中，这里曾经发生过重大历史事件或有重要历史人物在此居住、生活过，这些建筑通常作为历史遗址保护起来，供人们瞻仰、参观；而绝大部分是随着使用寿命的终结，被人为拆毁。

近年来，我国房地产投资规模高速增长，但由于城市的可供开发的土地资源有限，便出现了大量拆除旧建筑的现象。一座设计使用年限为50年的建筑，如果仅使用二三十年就被人为拆除，这种建筑短命现象无疑会造成巨大的资源浪费和严重的环境污染，也违背了绿色建筑的基本理念。

造成建筑不到使用年限就被拆除的原因是多种多样的，主要有三个方面的原因：一是由于城市的发展使得城市规划发生改变，土地的使用性质也会发生改变，如原来的工业区规划变更为商业区或住宅区，现存的工业建筑就会被大规模拆除；还有就是受房地产开发的利益驱动，为扩大容积率，增加建筑面积，致使处于合理使用年限的建筑遭受提前拆除的厄运。二是由于原有建筑的功能或品质不能适应当今社会人们的要求，如20世纪七八十年代兴建的大批住宅的功能布局已不能满足现代生活的基本要求，因而遭到人们观念上的遗弃。三是由于建筑质量的问题，如按照国家和地方现行标准、规范衡量，旧建筑在抗震、防火、节能等方面达不到要求，或因为设计、施工和使用不当出现了质量问题。

对于因城市规划的改变，使得用地性质改变的区域，面临旧建筑的拆除时，首先应对旧建筑的处置进行充分的论证，研究改造后的功能可行性，不到建筑使用寿命的应考虑通过综合改造而继续使用。

在国外，这样的成功范例也不罕见，如法国巴黎塞纳河畔的奥赛艺术博物馆就在原有废弃的火车站的旧建筑的基础上改建成的，在外形和室内的改建中增加了现代气息，由于其内部功能的合理性，已渐渐成为和艺术圣殿卢浮宫齐名的艺术博物馆。再如，澳大利亚悉尼的动力科技馆是在原有工业区的供热厂的旧厂房的基础上改造扩建成的，高大的厂房给综合布展创造了条件，科技馆内的许多大型展品就放置在旧厂房中，特别有意义的是，在改、扩建时重点保留了一个已有近百年历史且尚可运行的蒸汽机作为一件特殊的科技展品，吸引着各国游客前来参观。

如果旧建筑的性能不能满足新的要求，那么建筑的改造将会更具挑战性。建筑的寿命和不断变化的功能需求是矛盾的，新建筑在建筑设计时就应考虑建筑全寿命周期内改造的可能性，建筑平面布局的确定、建筑结构体系的选择、设备和材料的选用等都要为将来改造留有余地，适用性能的增强在某种程度上可以延长建筑的寿命。而旧建筑要综合考虑技术和经济的可能性。

充分利用尚可使用的旧建筑，是节约土地的重要措施之一，这里提到的旧建筑是指建筑质量能保证使用安全或通过少量改造后能保证使用安全的旧建筑。对旧建筑的利用，可以根据其现存条件保留或改变其原有的功能性质。

旧建筑的改造利用还可以保留和延续城市的历史文脉，如果一座城市随处见到的都是新的建筑，就会使外来的游客感觉到城市发展史的断层，也会使城市的环境缺少了文化的底蕴。

六、废弃地的利用

城市的发展有着各自的多样性和独特性，可以说没有一座城市是按照严格意义上的城市规划发展而成的。在古代，虽然城市的规模较小，但人们只能规划控制城郭以内的地方，城郭之外，也就是护城河外的地区，规划就不控制了。在近现代，国外的城市规划师曾尝试建设“规划城市”，较早的是法国的现代主义建筑大师勒•柯布西耶（Le Corbusier）在印度的昌迪加尔做了一个小规模的城市中心区规划，其中部分建筑是完全按照建筑师的设想兴建的，后来柯布西耶去世了，没有人能真正理解大师的设计本意，这个规划只能放弃了，城市的发展规划就由其他人完成了。后来的澳大利亚首都堪培拉，由于悉尼和墨尔本两大城市的首都之争，国会决议在两个城市的中间选址定都，这就是堪培拉的由来。澳大利亚政府邀请了美国建筑师格里芬担当规划任务，格里芬也不负众望，做出了城市结构清晰、功能布局合理的山水城市规划。许多年来，澳大利亚政府一直严格依据这一规划建设自己的首都，但近年来，随着城市常住人口的增加和旅游者的大批到来，政府的城市规划部门不得不重新修改原有的美丽蓝图。

城市规划的变化主要是由城市自身社会和经济的发展和市民生活习惯的改变造成的，日本著名建筑师芦原义信在《隐藏的秩序》一书中形象地称日本东京为“变形虫”城市，说明城市的发展规划不要有太多的人为痕迹，而是应该根据城市自身的需要该怎样发展就怎样发展。我国的城市规划无论是城市总体规划还是具体的区域规划，事实上都缩短了规划的适用年限，这一点是和国际上关于城市规划的新理论相一致的。

上面论述的目的就是要说明城市规划不是一成不变的，也不是完全按部就班的，在实施规划的过程中会有失误和意想不到的事情发生。

城市发展过程中的废弃地的产生就是最好的例证，也是城市规划变化中不可避免的。以北京的城市规划为例，前期的城市规划的发展方向是向城市北部和东部发展，而新的城市规划修编后，以吴良镛院士提出的“两轴两带多中心”为基本构架，这使得北京城市的南部和西部得到了迅速的发展，同时也带来一些问题，如存在废弃地的问题。在发展前期，这些地区由于没有发展规划，且土地价格低廉，是作为主要发展区的建设服务区使用的，一些砖厂、沙石场等建筑材料生产企业和垃圾填埋厂的市政服务设施遍布于此，造成了土地资源遭受严重破坏。随着城市的发展，这些原来的建设服务区变成建设热点地区，废弃地如果不用，一是浪费土地资源，二是会对周围的城市环境产生影响。所以，从节约土地的角度出发，城市的废弃地一定要加以利用。

废弃地的利用要解决一些技术难题，如砖厂、沙石场遗留下来的多是深深的大坑，土壤资源已缺失，加上雨水的浸泡，场地会失去原有的地基承载能力，遇到这种情况，我们只能采用回填土加桩基的方法，使原有废弃地的地基承载能力满足建筑设计的要求；对于垃圾填埋厂址，首先要利用科技手段将垃圾中对人们身体有害的物质清除掉，再利用上述方法提高地基的承载能力，如果有害物质不易清除，也可以用换土的办法保证废弃地的利用。

因此，要视城市废弃地为宝贵的土地资源，科学地利用废弃地是比多重利用土地更有效的节约手段，也更能体现绿色建筑的内涵。

七、公共设施集约化利用

住区公共服务设施应按规划配建，合理采用综合建筑并与周边地区共享。公共服务设施的配置应满足居民需求，与周边相关城市设施协调互补，有条件时应考虑将相关项目合理集中设置。

根据《城市居住区规划设计规范》的相关规定，居住区配套公共服务设施（也称配套公建）应包括教育、医疗卫生、文化、体育、商业服务、金融邮电、社区服务、市政公用和行政管理 9 类设施，住区配套公共服务设施，是满足居民基本的物质与精神生活所需的设施，也是保证居民居住生活品质的不可缺少的重要组成部分。为此，该规范提出相应要求，其主要的意义在于：（1）配套公共服务设施相关项目建综合楼集中设置，既可节约土地，也能为居民提供选择和使用的便利，并提高设施的使用率；（2）中学、门诊所、商业设施和会所等配套公共设施，可打破住区范围，与周边地区共同使用。这样既节约用地，又方便使用，还节省投资。

绿色建筑用地应尽量选择具备良好市政基础设施（如供水、供电、供气、道路等），以及周边有完善城市交通系统的土地，从而减少这些方面的建设投入。

为了减少快速增长的机动交通对城市大气环境造成的污染，以及过多的能源与资源消耗，优先发展公共交通是重要的解决方案之一。倡导以步行、公交为主的出行模式，在公共建筑的规划设计阶段应重视其入口的设置方位，接近公交站点。为便于居民选择公共交通工具出行，在规划中应重视居住区主要出入口的设置方位及城市交通网络的有机联系。居住区出入口的设置应方便居民充分利用公共交通网络。

第六章 绿色施工主要措施

第一节 环境保护

一、扬尘控制

据调查，建筑施工是产生空气扬尘的主要原因。施工中出现的扬尘主要来源于：渣土的挖掘和清运，回填土、裸露的料堆，拆迁施工中由上而下抛撒的垃圾、堆存的建筑垃圾，现场搅拌砂浆以及拆除爆破工程产生的扬尘等。扬尘的控制应该进行分类，根据其产生的原因采取适当的控制措施。

1. 扬尘控制管理措施

（1）确定合理的施工方案

施工前，充分了解场地四周环境，对风向、风力、水源、周围居民点等充分调查分析后，制定相应的扬尘控制措施，纳入绿色施工专项施工方案。

（2）尽量选择工业化加工的材料、部品、构件

工业化生产减少了现场作业量，大大降低了现场扬尘情况的发生频率。

（3）合理调整施工工序

将容易产生扬尘的施工工序安排在风力小的天气进行，如拆除、爆破作业等。

（4）合理布置施工现场

将容易产生扬尘的材料堆场和加工区远离居民住宅区布置。

（5）制定相关管理制度

针对每一项扬尘控制措施制定相关管理制度，并宣传贯彻到位。

（6）配备相应奖惩、公示制度

奖惩、公示不是目的而是手段。奖惩、公示制度配合宣传教育进行，才能将具体措施落实到位。

2. 场地处理

（1）硬化措施

施工道路和材料加工区进行硬化处理，并定期洒水，确保表面无浮土。

（2）裸土覆盖

短期内闲置的施工用地采用密目丝网临时覆盖；较长时期内闲置的施工用地采用种植易存活的花草进行覆盖。

（3）设置围挡

1）施工现场周边设置一定高度的围挡，且保证封闭严密，保持其整洁完整。

2）现场易飞扬的材料堆场周围设置不低于堆放物高度的封闭性围挡，或使用密目丝网覆盖。

3）有条件的现场可设置挡风抑尘墙。

3. 降尘措施

（1）定期洒水

不管是施工现场还是作业面都应保持定期洒水，确保无浮土。

（2）密目安全网

工程脚手架外侧采用合格的密目式安全立网进行全封闭，封闭高度要高出作业面，并定期对立网进行清洗和检查，发现破损立即更换。

（3）施工车辆控制

1）运送土方、垃圾、易飞扬材料的车辆必须封闭严密，且不应装载过满。定期检查，确保运输过程不抛不洒不漏。

2）施工现场设置洗车槽，驶出工地的车辆必须进行轮胎冲洗，避免污损场外道路。

3）土方施工阶段，大门外设置吸湿垫，避免污损场外道路。

（4）垃圾运输

1）浇筑混凝土前清理灰尘和垃圾时尽量使用吸尘器，避免使用吹风器等易产生扬尘情况的设备。

2）高层或多层建筑清理垃圾应搭设封闭性临时专用道路或采用容器吊运，禁止直接抛洒。

（5）特殊作业

1）岩石层开挖尽量采用凿裂法，并采用湿作业减少扬尘。

2）机械剔凿作业时，作业面局部遮挡，并采取水淋等措施，减少扬尘。

3）清拆建（构）筑物时，提前做好扬尘控制计划。对清拆建（构）筑物进行喷淋除尘并设置立体式遮挡尘土的防护设施，宜采用安静拆除技术降低噪声和粉尘。

4）爆破拆除建（构）筑物时，提前做好扬尘控制计划，可采用清理积尘、淋湿地面、预湿墙体、屋面覆水袋、楼面蓄水、建筑外设高压喷雾状水系统、搭设防尘排栅和直升机投水弹等综合降尘。

（6）其他措施

易飞扬和细颗粒建筑材料封闭存放。余料应有及时回收制度。

二、噪声与振动控制

建筑施工噪声是指在建筑施工过程中产生的干扰周围生活环境的声音，国家标准《建筑施工场界环境噪声排放标准》GB 12523 规定建筑施工场界环境噪声排放昼间不大于70dB，夜间不大于55dB。

1. 噪声与振动控制管理措施

（1）确定合理施工方案

施工前，充分了解现场及拟建建筑基本情况，针对拟采用的机械设备，制定相应的噪声、振动控制措施，纳入绿色施工专项施工方案。

（2）合理安排施工工序

严格控制夜间作业时间，大噪声工序严禁在夜间作业。

（3）合理布置施工现场

将噪声大的设备远离居民区布置。

（4）尽量选择工业化加工的材料、部品、构件

工业化生产减少了现场作业量，大大降低了现场噪声。

（5）建立噪声控制制度，降低人为噪声

1）塔式起重机指挥使用对讲机，禁止使用大喇叭或直接高声叫喊。

2）材料的运输轻拿轻放，严禁抛弃。

3）机械、车辆定期保养，并在闲置期间及时关机减少噪声。

4）施工车辆进出现场，禁止鸣笛。

2. 控制源头

（1）选用低噪声、低振动环保设备

在施工中，选用低噪声搅拌机、钢筋夹断机、风机、电动空压机、电锯等设备，振动棒选用环保型，低噪声低振动。

（2）优化施工工艺

用低噪声施工工艺代替高噪声施工工艺。如桩施工中将垂直振打施工工艺改变为螺旋、静压、喷注式打桩工艺。

（3）安装消声器

在大噪声施工设备的声源附近安装消声器，通常将消声器设置在通风机、鼓风机、压缩机、燃气轮机、内燃机等各类排气放空装置的进出风管的适当位置。

3. 控制传播途径

（1）在现场大噪声设备和材料加工场地四周设置吸声降噪屏。

（2）在施工作业面强噪声设备周围设置临时隔声屏障，如打桩机、振动棒等。

4. 加强监管

在施工现场根据噪声源和噪声敏感区的分布情况，设置多个噪声监控点，定期对噪声进行动态检测，发现超过建筑施工场界环境噪声排放限制的，及时采取相关措施，降低噪声排放至满足要求。

三、光污染控制

光污染是通过过量的或不适当的光辐射对人类生活和生产环境造成不良影响。在施工过程中，夜间施工的照明灯及施工中电弧焊、闪光对接焊工作时发出的弧光等形成光污染。

（1）灯具选择以日光型为主，尽量减少射灯及石英灯的使用。

（2）夜间室外照明灯加设灯罩，使透光方向集中在施工范围。

（3）钢筋加工棚远离居民区和生活办公区，必要时设置遮挡措施。

（4）电焊作业尽量安排在白天阳光下，如夜间施工，需设置遮挡措施，避免电焊弧光外泄。

（5）优化施工方法，钢筋尽量采用机械连接。

四、水污染控制

水污染是指水体因某种物质的介入，而导致其化学、物理、生物或者放射性等方面特性的改变，从而影响水的有效利用，危害人体健康或者破坏生态环境，造成水质恶化的现象。

施工现场产生的污水主要包括雨水、污水（生活污水和生产污水）两类。

1. 保护地下水

（1）基坑降水尽可能少地抽取地下水

1）基坑降水优先采用基坑封闭降水措施。

2）采用井点降水施工时，优先采用疏干井利用自渗效果将上层滞水引渗到下层潜水层，使大部分水资源重新回灌至地下。

3）不得已必须抽取基坑水时，应根据施工进度进行水位检测，发现基坑抽水对周围环境可能造成不良影响，或者基坑抽水量大于 50 万 m^3 时，应进行地下水回灌，回灌时注意采取措施防止地下水被污染。

（2）现场所有污水有组织排放

现场道路、材料堆场、生产场地四周修建排水沟、集水井，做到现场所有污水不随意排放。

（3）化学品等有毒材料、油料的储存地，有严格的隔水层设计，并做好渗漏液收集和处理工作。

（4）施工机械设备使用和检修时，应控制油料污染；清洗机具的废水和废油不得直接排放。

（5）易挥发、易污染的液态材料，应使用密闭容器单独存放。

2. 污水处理

（1）现场优先采用移动式厕所，并委托环卫单位定期清理。固定厕所配置化粪池，化粪池应定期清理并有防满溢措施。

（2）现场厨房设置隔油池，隔油池定期清理并有防满溢措施。

（3）现场其他生产、生活污水经有组织排放后，配置沉淀池，经沉淀池沉淀处理后的污水，有条件的可以进行二次使用，不能二次使用的污水，经检测合格后排入市政污水管道。

（4）施工现场雨水、污水分开收集、排放。

3. 水质检测

（1）不能二次使用的污水，委托有资质的单位进行废水水质检测，满足国家相关排放要求后才能排入市政污水管道。

（2）有条件的单位可以采用微生物污水处理、沉淀剂、酸碱中和等技术处理工程污水，实现达标排放目的。

五、废气排放控制

施工现场的废气主要包括汽车尾气、机械设备废气、电焊烟气以及生活燃料排气等。

（1）严格监管机械设备和车辆的选型，禁止使用国家、地方限制或禁止使用的机械设备，优先使用国家、地方推荐使用的新设备。

（2）加强现场内机械设备和车辆的管理，建立管理台账，跟踪机械设备和车辆的年检和修理情况，确保合格使用。

（3）现场生活燃料选用清洁燃料。

（4）电焊烟气的排放符合国家相关标准的规定。

（5）严禁在现场融化沥青或焚烧油毡、油漆以及其他产生有毒、有害烟尘和恶臭气体的物质。

六、建筑垃圾控制

工程施工过程中要产生大量废物，如泥沙、旧木板、钢筋废料和废弃包装物等，基本用于回填。大量未处理的垃圾露天堆放或简易填埋，占用了大量的宝贵土地并污染环境。

1. 建筑垃圾减量

1）开工前制定建筑垃圾减量目标。

2）通过加强材料领用和回收的监管、提高施工管理，减少垃圾产生以及重视绿色施工图纸会审，避免返工、返料等措施来减少建筑垃圾产量。

2. 建筑垃圾回收再利用

（1）回收准备

1）制定工程建筑垃圾分类回收再利用目标，并公示。

2）制定建筑垃圾分类要求

分几类、怎么分类、各类垃圾回收的具体要求是什么都要明确规定，并在现场合适位置修建满足分类要求的建筑垃圾回收池。

3）制定建筑垃圾现场再利用方案

建筑垃圾应尽可能在现场直接再利用，减少运出场地的能耗和对环境的污染。

4）联系回收企业

以就近的原则联系相关建筑垃圾回收企业，如再生骨料混凝土、建筑垃圾砖、再生骨料砂浆生产厂家、金属材料再生企业等，并根据相关企业对建筑垃圾的要求，提出现场建筑垃圾回收分类的具体要求。

（2）实施与监管

1）制定尽可能详细的建筑垃圾管理制度，并落实到位。

2）制定配套表格，确保所有建筑垃圾都受到监控。

3）对职工进行教育和强调，建筑垃圾尽可能全数按要求进行回收；尽可能在现场直接再利用。

4）对建筑垃圾回收及再利用情况及时分析，并将结果公示。发现与目标值偏差较大时，及时采取纠正措施。

七、地下设施、文物和资源保护

地下设施主要包括人防地下空间、民用建筑地下空间、地下通道和其他交通设施、地下市政管网等设施，这类设施处于隐蔽状态，在施工中应采取必要措施避免其受到损害。

文物作为我国古代文明的象征，采取积极措施保护地下文物是每一个人的责任。

世界矿产资源短缺，施工中做好矿产资源的保护工作也是绿色施工的重要环节。

1. 前期工作

（1）施工前对施工现场地下土层、岩层进行勘察，探明施工部位是否存在地下设施、文物或矿产资源，并向有关单位和部门进行咨询和查询，最终了解施工场地存在地下设施、文物或矿产资源的具体情况和位置。

（2）对已探明的地下设施、文物或矿物资源，制定适当的保护措施，编制相关保护方案。方案需经相关部门同意并得到监理工程师认可后方可实施。

（3）对施工场区及周边的古树名木优先采取避让方法进行保护，不得已需进行移栽的情况应经相关部门同意并委托有资质的单位进行。

2. 施工中的保护

（1）开工前和实施过程中，项目部应认真向每一位操作工人进行管线、文物及资源方面的技术交底，明确各自责任。

（2）应设置专人负责地下相关设施、文物及资源的保护工作，并需要经常确定保护措施的可靠性，当发现场地条件变化保护措施失效时，应立即采取补救措施。

（3）督促检查操作人员，遵守操作规程，禁止违章作业、违章指挥和违章施工。

（4）开挖沟槽和基坑时，无论人工开挖还是机械开挖均需分层施工。每层挖掘深度宜控制在 20 ~ 30cm。一旦遇到异常情况，必须仔细而缓慢挖掘，把情况弄清楚后或采取措施后方可按照正常方式继续开挖。

（5）施工过程中如遇到露出的管线，必须采取相应的有效措施，如进行吊托、拉攀、砌筑等固定措施，并与有关单位取得联系，配合施工，以求施工过程安全可靠。施工过程中一旦发现文物，立即停止施工，保护现场并尽快通报文物部门并协助文物部门做好相应的工作。

（6）施工过程中发现现状与交底或图纸内容、勘探资料不相符时或出现直接危及地下设施、文物或资源安全的异常情况时，应及时通知相关单位到场研究，商议制定补救措施，在未做出统一结论前，施工人员不得擅自处理。

（7）施工过程中一旦发生地下设施、文物或资源损坏事故，必须在 24h 内报告主管部门和业主，不得隐瞒。

八、人员安全与健康管理

绿色施工讲究以人为本。在国内安全管理中，已引入职业健康安全管理体系，各建筑施工企业也都积极地进行职业健康安全管理体系的建立并取得体系认证，在施工生产中将原有的安全管理模式规范化、文件化、系统化地结合到职业健康安全管理体系中，使安全管理工作成为循序渐进、有章可循、自觉执行的管理行为。

1. 制度体系

（1）绿色施工实施项目应按照国家法律、法规的有关要求，做好职工的劳动保护工作，制定施工现场环境保护和人员安全等突发事件的应急预案。

（2）制定施工防尘、防毒、防辐射等职业危害的措施，保障施工人员的长期职业健康。

（3）施工现场建立卫生急救、保健防疫制度，在安全事故和疾病疫情出现时提供及时救助。

（4）现场食堂应有卫生许可证，炊事员应持有效健康证明。

2. 场地布置

（1）合理布置施工场地，保证生活及办公区不受施工活动的有害影响。

（2）高层建筑施工宜分楼层配备移动环保厕所，定期清运、消毒。

（3）现场设置医务室。

3. 管理规定

（1）提供卫生、健康的工作与生活环境，加强对施工人员的住宿、膳食、饮用水等生活与环境卫生等管理，明显改善施工人员的生活条件。

（2）生活区有专人负责，提供消暑或保暖措施。

（3）现场工人劳动强度和工作时间符合国家标准《体力劳动强度分级》GB 3869 的有关规定。

（4）从事有毒、有害、有刺激性气味和在强光、强噪声环境中施工的人员应佩戴与其相应的防护器具。

（5）深井、密闭环境、防水和室内装修施工有自然通风或临时通风设施。

（6）现场危险设备、地段、有毒物品存放地配置醒目安全标志，施工应采取有效防毒、防污、防尘、防潮、通风等措施，加强人员健康管理。

（7）厕所、卫生设施、排水沟及阴暗潮湿地带定期消毒。

（8）食堂各类器具清洁，个人卫生、操作行为规范。

4. 其他

（1）提供卫生清洁的生活饮用水。施工期间，派人送到施工作业面。茶水桶应安全、清洁。

（2）提供生活热水。

第二节　节材与材料资源利用

一、选用绿色建材

1. 使用绿色建材

选用对人体危害小的绿色、环保建材，满足相关标准要求。绿色建材是指采用清洁生产技术、少用天然资源和能源、大量使用工业或城市固态废物生产的无毒害、无污染、无放射性、有利于环境保护和人体健康的建筑材料。它具有消磁、消声、调光、调温、隔热、防火、抗静电的性能，并具有调节人体机能的特种新型功能建筑材料。

2. 使用可再生建材

可再生建材是指在加工、制造、使用和再生过程中具有最低环境负荷的，不会明显的损害生物的多样性，不会引起水土流失和影响空气质量，并且能得到持续管理的建筑材料。主要是在当地形成良性循环的木材和竹材以及不需要较大程度开采、加工的石材和在土壤资源丰富地区，使用不会造成水土流失的土材料等。

3. 使用再生建材

再生建材是指材料本身是回收的工业或城市固态废物，经过加工再生产而形成的建筑材料，如建筑垃圾砖、再生骨料混凝土、再生骨料砂浆等。

4. 使用新型环保建材

新型环保建材是指在材料的生产、使用、废弃和再生循环过程中以与生态环境相协调，满足最少资源和能源消耗，最小或无环境污染，最佳使用性能，最高循环再利用率要求设计生产的建筑材料。现阶段主要的新型环保建材主要有：

（1）以最低资源和能源消耗、最小环境污染代价生产传统建筑材料

这是对传统建筑材料从生产工艺上的改良，减少资源和能源消耗，降低环境污染，如用新型干法工艺技术生产高质量水泥材料。

（2）发展大幅度减少建筑能耗的建材制品

采用具有保温、隔热等功效的新型建材，满足建筑节能率要求。如具有轻质、高强、防水、保温、隔热、隔声等优异功能的新型复合墙体。

（3）开发具有高性能长寿命的建筑材料

研究能延长构件使用寿命的建筑材料，延长建筑服务寿命，是最大的节约，如高性能混凝土等。

（4）发展具有改善居室生态环境和保健功能的建筑材料

我们居住的环境或多或少都会有噪声、粉尘、细菌、放射性等环境危害，发展此类新型建材，能有效改善我们居住环境，如抗菌、除臭、调温、调湿、屏蔽有害射线的多功能玻璃、陶瓷、涂料等。

（5）发展能代替生产能耗高，对环境污染大，对人体有毒、有害的建筑材料

水泥因为在其生产过程中能耗高，环境污染大，一直是材料研究人员迫切想找到合适替代品替代的建材，现阶段主要依靠在水泥制品生产过程中添加外加剂，减少水泥用量来实现。如利用粉煤灰、矿渣、外加剂等新材料降低混凝土和砂浆中的水泥用量等。

二、节材措施

1. 图纸会审时，应审核节材与材料资源利用的相关内容

（1）根据公司提供的《绿色建材数据库》结合现场调查，审核主要材料生产厂家距施

工现场的距离，尽量减少材料运距，降低运输能耗和材料运输损耗，绿色施工要求距施工现场 500km 以内生产的建筑材料用量占建筑材料总重量的 70% 以上。

（2）在保证质量、安全的前提下，尽量选用绿色、环保的复合新型建材。

（3）在满足设计要求的前提下，通过优化结构体系，采用高强钢筋、高性能混凝土等措施，减少钢筋、混凝土用量。

（4）结合工程和施工现场周边情况，合理采用工厂化加工的部品和构件，减少现场材料生产，降低材料损耗，提高施工质量，加快施工进度。

2. 编制材料进场计划

根据进度编制详细的材料进场计划，明确材料进场的时间、批次，减少库存，降低材料存放损耗并减少仓储用地，同时防止到料过多造成退料的转运损失。

3. 制定节材目标

绿色施工要求主要材料损耗率比定额损耗率降低 30%。开工前应结合工程实际情况，项目自身施工水平等制定主要材料的目标损耗率，并予以公示。

4. 限额领料

根据制定的主要材料目标损耗率和经审定的设计施工图，计算出主要材料的领用限额，根据领用限额控制每次的领用数量，最终实现节材目标。

5. 动态布置材料堆场

根据不同施工阶段特点，动态布置现场材料堆场，以就近卸载，方便使用为原则，避免和减少二次搬运，降低材料搬运损耗和能耗。

6. 场内运输和保管

（1）材料场内运输工具适宜，装卸方法得当，有效避免损坏和遗洒造成的浪费。

（2）现场材料堆放有序，储存环境适宜，措施得当。保管制度健全，责任落实。

7. 新技术节材

（1）施工中采取技术和管理措施提高模板、脚手架等周转次数。

（2）优化安装工程中预留、预埋、管线路径等方案，避免后凿后补，重复施工。

（3）现场建立废弃材料回收再利用系统，对建筑垃圾分类回收，尽可能在现场再利用。

三、结构材料

1. 混凝土

（1）推广使用预拌混凝土和商品砂浆

预拌混凝土和商品砂浆大幅度降低了施工现场的混凝土、砂浆生产，在减少材料损耗，降低环境污染，提高施工质量方面有绝对优势。

（2）优化混凝土配合比

利用粉煤灰、矿渣、外加剂等新材料降低混凝土和砂浆中的水泥用量。

（3）减少普通混凝土的用量，推广轻骨料混凝土

与普通混凝土相比，轻骨料混凝土具有自重轻、保温隔热性、抗火性、隔声性好等特点。

（4）注重高强度混凝土的推广与应用

高强度混凝土不仅可以提高构件承载力，还可以减小混凝土构件的截面尺寸，减轻构件自重，延长使用寿命，减少装修。

（5）推广预制混凝土构件的使用

预制混凝土构件包括新型装配式楼盖、叠合楼盖、预制轻混凝土内外墙板和复合外墙板等，使用预制混凝土构件，可以减少现场生产作业量，节约材料，减低污染。

（6）推广清水混凝土技术

清水混凝土属于一次性浇筑成型的材料，不需要其他外装饰，既节约材料又降低污染程度。

（7）采用预应力混凝土结构技术

据统计，工程采用无黏结预应力混凝土结构技术，可节约钢材约 25%，混凝土约 1/3，同时减轻了结构自重。

2. 钢材

（1）推广使用高强钢筋

使用高强钢筋，减少资源消耗。

（2）推广和应用新型钢筋连接方法

采用机械连接、钢筋焊接网等新技术。

（3）优化钢筋配料和钢构件下料方案

利用计算机技术在钢筋及钢构件制作前对其下料单及样品进行复核，无误后方可批量下料，避免下料不当造成的浪费。

（4）采用钢筋专业化加工配送

钢筋专业化加工配送，减少钢筋余料的产生。

（5）优化钢结构制作和安装方法

大型钢结构宜采用工厂制作，现场拼装；宜采用分段吊装、整体提升、滑移、顶升等安装方法，减少方案的用材量。

3. 围护材料

（1）门窗、屋面、外墙等围护结构选用耐候性、耐久性较好的材料。一般来讲屋面材料、外墙材料要具有良好的防水性能和保温隔热性能，而门窗多采用密封性、保温隔热性能、隔声性能良好的型材和玻璃等材料。

（2）屋面或墙体等部位的保温隔热系统采用配套专用的材料，确保系统的安全性和耐

久性。

（3）施工中采取措施确保密封性、防水性和保温隔热性。特别是保温隔热系统与围护结构的节点处理，尽量降低热桥效应。

四、装饰装修材料

（1）装饰装修材料购买前，应充分了解建筑模数，尽量购买符合模数尺寸的装饰装修材料，减少现场裁切量。

（2）贴面类材料在施工前应进行总体排版，尽量减少非整块材料的数量。

（3）尽量采用非木质的新材料或人造板材代替木质板材。

（4）防水卷材、壁纸、油漆及各类涂料基层必须符合国家标准要求，避免起皮、脱落情况出现。各类油漆及黏结剂应随用随开启，不用时应及时封闭。

（5）幕墙及各类预留预埋应与结构施工同步。

（6）对于木制品及木装饰用料、玻璃等各类板材等宜在工厂采购或定制。

（7）尽可能采用自黏结片材，减少现场液态黏结剂的使用量。

（8）推广土建装修一体化设计与施工，减少后凿后补操作。

五、周转材料

周转材料，是指企业能够多次使用、逐渐转移其价值，但仍保持原有形态，不确认为固定资产的材料，在建筑工程施工中可多次利用使用的材料，如钢架杆、扣件、模板、支架等。

施工中的周转材料一般分为四类：

（1）模板类材料：浇筑混凝土用的木模、钢模等，包括配合模板使用的支撑材料、滑模材料和扣件等。按固定资产管理的固定钢模和现场使用固定大模板则不包括在内。

（2）挡板类材料：土方工程用的挡板等，包括用于挡板的支撑材料。

（3）架料类材料：搭脚手架用的竹竿、木杆、竹木跳板、钢管及其扣件等。

（4）其他：除以上各类之外，作为流动资产管理的其他周转材料，如塔式起重机使用的轻轨、枕木（不包括附属于塔式起重机的钢轨）以及施工过程中使用的安全网等。

1. 管理措施

（1）周转材料企业集中规模管理

周转材料归企业集中管理，在企业内灵活调度，减少材料闲置率，提高材料使用功效。

（2）加强材料管理

周转材料采购时，尽量选用耐用、维护与拆卸方便的周转材料和机具。同时，加强周转材料的维修和保养，金属材料使用后及时除锈、上油并妥善存放；木质材料使用后按大小、长短码放整齐，同时在全公司范围内积极调度，避免周转材料存放过久。

（3）严格使用要求

项目部应该制定详细的周转材料使用要求，包括建立完善的领用制度、严格周转材料使用制度（现场禁止私自裁切钢管等）、周转材料报废制度等。

（4）优先选用制作、安装、拆除一体化的专业队伍进行模板施工。

2. 技术措施

（1）优化施工方案，合理安排工期，在满足使用要求的前提下，尽可能减少周转材料租赁时间，做到“进场即用，用完即还”。

（2）推广使用定型钢模、钢框胶合板、铝合金模板、塑料模板等新型模板。

（3）推广使用管件合一的脚手架体系。

（4）在多层、高层建筑建设过程中，推广使用可重复利用的模板体系和工具式模板支撑。

（5）高层建筑的外脚手架，采用整体提升、分段悬挑等方案。

（6）采用外墙保温板替代混凝土模板、叠合楼盖等新的施工技术，减少模板用量。

3. 临时设施

（1）临时设施采用可拆迁、可回收材料。

（2）临时设施应充分利用既有建筑物、市政设施和周边道路。

（3）最大限度地利用已有围墙做现场围挡，或采用装配式可重复使用围挡封闭的方法。

（4）现场办公和生活用房采用周转式活动房。

（5）现场钢筋棚、茶水室、安全防护设施等应定型化、工具化、标准化。

（6）力争工地临时用房、临时围挡材料的可重复使用率达到 70%。

第三节　节水与水资源利用

我国的水资源存在两个问题：其一是水资源缺乏，我国是全球人均水资源最贫乏国家之一，20 世纪末，在全国 600 多个城市中有 400 多个城市存在供水不足的问题；其二是水污染严重，多数城市的地下水资源受到一定程度的污染，而且日趋严重。

一、提高用水效率

1. 施工过程中采用先进的节水施工工艺

如现场水平结构混凝土采取覆盖薄膜的养护措施，竖向结构采取刷养护液养护，杜绝了无措施浇水养护现象出现；对已安装完毕的管道进行打压调试，采取从高到低、分段打压，利用管道内已有水循环进行调试等。

2. 施工现场供、排水系统合理适用

（1）施工现场给水管网的布置本着“管路就近、供水畅通、安全可靠”的原则。在管路上设置多个供水点，并尽量使这些供水点构成环路，同时应考虑不同施工阶段管网具有移动的可能性。

（2）应制定相关措施和监督机制，确保管网和用水器具不发生渗漏。

3. 制定用水定额

（1）根据工程特点，开工前制定用水定额，定额应按生产用水、生活办公用水分开制定，并分别建立计量管理机制。

（2）大型工程应该分不同单项工程、不同标段、不同施工阶段、不同分包生活区制定用水定额，并采取不同的计量管理机制。

（3）签订标段分包或劳务合同时，应将用水定额指标纳入相关合同条款，并在施工过程中加入计量考核。

（4）专项重点用水考核

对混凝土养护、砂浆搅拌等用水集中区域和工艺点单独安装水表，进行计量考核，并有相关制度配合执行。

4. 使用节水器具

施工现场办公室、生活区的生活用水 100% 采用节水器具，并派专人定期维护。

二、非传统水源利用

非传统水源不同于传统地表水供水和地下水供水的水源，包括再生水、雨水、海水等。

1. 基坑降水利用

基坑优先采取封闭降水措施，尽可能少地抽取地下水。不得已需要基坑降水时，应该建立基坑降水储存装置，将基坑水储存并加以利用。基坑水可用于绿化浇灌、道路清洁洒水、机具设备清洗等，也可用于混凝土养护用水和部分生活用水。

2. 雨水收集利用

施工面积较大，地区年降雨量充沛的施工现场，可以考虑雨水回收利用。收集的雨水可用于洗衣、洗车、冲洗厕所、绿化浇灌、道路冲洗等，也可采取透水地面等直接将雨水渗透至地下，补充地下水。

雨水收集可以与中水回收结合进行，共用一套回收系统。

雨水收集应注意蒸发量，收集系统尽量建于室内或地下，建于室外时，应加以覆盖来减少蒸发。

3. 施工过程水回收

1）现场机具、设备、车辆冲洗用水应建立循环用水装置。

2）现场混凝土养护、冲洗搅拌机等施工过程用水应建立回收系统，回收水可用于现场洒水降尘等。

三、安全用水

（1）基坑降水再利用、雨水收集、施工过程水回收等非传统水源再利用时，应注意用水工艺对水质的要求，必要时进行有效的水质检测，确保满足使用要求。一般回收水不用于生活饮用水。

（2）利用雨水补充地下水资源时，应注意渗透地面地表的卫生状况，避免雨水渗透污染地下水资源。

（3）不能二次利用的现场污水，应经过必要处理，经检验满足排放标准后方可排入市政管网。

第四节　节能与能源利用

施工节能是指建筑工程施工企业采取技术上可行、经济上合理、有利于环境、社会可接受的措施，提高施工所耗费能源的利用率。

施工节能主要是从施工组织设计、施工机械设备及机具、施工临时设施等方面，在保证安全的前提下，最大限度地降低施工过程中的能量损耗，提高能源利用率。

一、节能措施

1. 制定合理的施工能耗指标，提高施工能源利用率

施工能耗非常复杂，目前尚无一套比较权威的能耗指标体系供大家参考。因此，制定合理的施工能耗指标必须依靠施工企业自身的管理经验，结合工程实际情况，按照“科学、务实、前瞻、动态、可操作”的原则进行，并在实施过程中全面细致地收集相关数据，及时调整相关指标，最终形成比较准确的单个工程能耗指标供类似工程参考。

（1）根据工程特点，开工前制定能耗定额，定额应按生产能耗、生活办公能耗分开制定，并分别建立计量管理机制。一般能耗为电能，油耗较大的土木工程、市政工程等还包括油耗。

（2）大型工程应该分不同单项工程、不同标段、不同施工阶段、不同分包生活区制定能耗定额，并采取不同的计量管理机制。

（3）进行进场教育和技术交底时，应将能耗定额指标一并交底，并在施工过程中进行计量考核。

（4）专项重点能耗考核

对大型施工机械，如塔式起重机、施工电梯等，单独安装电表，进行计量考核，并有相关制度配合执行。

2. 优先使用国家、行业推荐的节能、高效、环保的施工设备和机具

国家、行业和地方会定期发布推荐、限制和禁止使用的设备、机具、产品名录，绿色施工禁止使用国家、行业、地方政府明令淘汰的施工设备、机具和产品，推荐使用节能、高效、环保的施工设备和机具。

3. 施工现场分别设定生产、生活、办公和施工设备的用电控制指标，定期进行计量、核算、对比分析，并有预防和纠正措施，按生产、生活、办公三区分别安装电表进行用电统计，同时，大型耗电设备做到一机一表单独用电计量

定期对电表进行读数，并及时将数据进行横向、纵向对比，分析结果，发现与目标值偏差较大或单块电表发生数据突变时，应进行专题分析，采取必要措施。

4. 在施工组织设计中，合理安排施工顺序、工作面，以减少作业区域的机具数量，相邻作业区充分利用共有的机具资源

在编制绿色施工专项施工方案时，应进行施工机具的优化设计。优化设计应包括：

（1）安排施工工艺时，优先考虑能耗较少的施工工艺。例如在进行钢筋连接施工时，尽量采用机械连接，减少采用焊接连接。

（2）设备选型应在充分了解使用功率的前提下进行，避免出现设备额定功率远大于使用功率或超负荷使用设备的现象。

（3）合理安排施工顺序和工作面，科学安排施工机具的使用频次、进场时间、安装位置、使用时间等，减少施工现场机械的使用数量和占用时间。

（4）相邻作业区应充分利用共有的机具资源。

5. 根据当地气候和自然资源条件，充分利用太阳能、地热等可再生能源

太阳能、地热等作为可再生的清洁能源，在节能措施中应该加以利用。在施工工序和时间的安排上，应尽量避免夜间施工，充分利用太阳光照。另外在办公室、宿舍的朝向、开窗位置和面积等的设计上也应充分考虑自然光照射，节约电能。

太阳能热水器作为可多次使用的节能设备，有条件的项目也可以配备，作为生活热水的部分来源。

二、机械设备与机具

1. 建立施工机械设备管理制度

（1）进入施工现场的机械设备都应建立档案，详细记录机械设备名称、型号、进场时间、年检要求、进场检查情况等。

（2）大型机械设备定人、定机、定岗，实行机长负责制。

（3）机械设备操作人员应持有相应上岗证，并进行绿色施工专项培训，有较强的责任心和绿色施工意识，在日常操作中，有节能意识。

（4）建立机械设备维护保养管理制度，建立机械设备年检台账、保养记录台账等，做到机械设备日常维护管理与定期维护管理双到位，确保设备低耗、高效运行。

（5）大型设备单独进行用电、用油计量，并做好数据收集，及时进行分析比对，若发现异常，应及时采取纠正措施。

2. 机械设备的选择和使用

（1）选择功率与负载相匹配的施工机械设备，避免大功率施工机械设备低负载长时间运行。

（2）机电安装可采用节电型机械设备，如逆变式电焊机和能耗低、效率高的手持电动工具等，以利于节电。

（3）机械设备宜使用节能型油料添加剂，在可能的情况下，考虑回收利用，节约油量。

3. 合理安排工序

工程应结合当地情况、公司技术装备能力、设备配置情况等确定科学的施工工序。工序的确定以满足基本生产要求，提高各种机械的使用率和满载率，降低各种设备的单位能耗为目的。施工中，可编制机械设备专项施工组织设计。编制过程中，应结合科学的施工工序，用科学的方法进行设备优化，确定各设备功率和进出场时间，并在实施过程中，严格执行。

三、生产、生活及办公临时设施

（1）利用场地自然条件，合理设计生产、生活及办公临时设施的体形、朝向、间距和窗墙面积比，使其获得良好的日照、通风和采光条件。可根据需要在其外墙窗设遮阳设施。

建筑物的体形用体形系数来表示，是指建筑物解除室外大气的外表面积与其所包围的体积的比值。体积小、体形复杂的建筑，体形系数较大，对节能不利；因此应选择体积大、体形简单的建筑，体形系数较小，对节能较为有利。

我国地处北半球，太阳光一般都偏南，因此建筑物南北朝向比东西朝向节能。

窗墙面积比为窗户洞口面积与房间立面单元面积（即房间层高与开间定位线围成的面

积）的比值。加大窗墙面积比，对节能不利，因此外窗面积不应过大。

（2）临时设施宜采用节能材料，墙体、屋面使用隔热性能好的材料，减少夏季空调设备的使用时间及能耗。

临时设施用房宜使用热工性能达标的复合墙体和屋面板，顶棚宜进行吊顶设计。

（3）合理配置采暖、空调、风扇数量，并有相关制度确保合理使用，节约用电。

应有相关制度保证合理使用，如规定空调使用温度限制、分段分时使用以及按户计量、定额使用等。

四、施工用电及照明

（1）临时用电优先选用节能电线和节能灯具。采用声控、光控等节能照明灯具。

电线节能要求合理选用电线、电缆的截面。绿色施工要求办公、生活和施工现场，采用节能照明灯具的数量宜大于 80%，并且照明灯具的控制可采用声控、光控等节能控制措施。

（2）临时用电线路合理设计、布置，临时用电设备宜采用自动控制装置。

在工程开工前，对建筑施工现场进行系统的、有针对性的分析，针对施工各用电位置，进行临时用电线路设计，在保证工程用电就近的前提下，避免重复铺设和不必要的浪费铺设，减少用电设备与电源间的路程，降低电能传输过程的损耗。

制定齐全的管理制度，对临时用电各条线路制定管理、维护、用电控制等措施，并落实到位。

（3）照明设计应符合国家现行标准《施工现场临时用电安全技术规范》的规定。

照明设计以满足最低照度为原则，照度不应超过最低照度的 20%。

（4）根据施工总进度计划，在施工进度允许的前提下，尽可能少地进行夜间施工。夜间施工完成后，关闭现场施工区域内大部分照明，仅留必要的和小功率的照明设施。

（5）生活照明用电采用节能灯，生活区夜间规定时间内关灯并切断供电。办公室白天尽可能使用自然光源照明，办公室所有管理人员养成随手关灯的习惯，下班时关闭办公室内所有用电的设备。

第五节　节地与施工用地保护

临时用地是指在工程建设施工和地质勘查中，建设用地单位或个人在短期内需要临时使用，不宜办理征地和农用地转用手续的，或者在施工、勘察完毕后不再需要使用的国有或者农民集体所有的土地（不包括因临时使用建筑或者其他设施而使用的土地）。

临时用地就是指被临时使用而非长久使用的土地，在法规表述上可称为“临时使用的土地”，与一般建设用地不同的是：临时用地不改变土地用途和土地权属，只涉及经济补偿和地貌恢复等问题。

一、临时用地指标

（1）临时设施要求平面布置合理、组织科学、占地面积小。在满足环境、职业健康与安全及文明施工要求的前提下尽可能减少废弃地和死角，临时设施占地面积有效利用率大于 90%。

（2）根据施工规模及现场条件等因素合理确定临时设施，如临时加工厂、现场作业棚及材料堆场、办公生活设施等的占地指标。临时设施的占地面积应按用地指标所需的最低面积设计。

（3）建设工程施工现场用地范围，以规划行政主管部门批准的建设工程用地和临时用地范围为准，必须在批准的范围内组织施工。如因工程需要，临时用地超出审批范围，必须提前到相关部门办理批准手续后方可占用。

（4）场内交通道路布置应满足各种车辆机具设备进出场、消防安全疏散要求，方便场内运输。场内交通道路双车道宽度不宜大于 6m，单车道不宜大于 3.5m，转弯半径不宜大于 15m，且尽量形成环形通道。

二、临时用地保护

1. 合理减少临时用地

（1）在环境和技术条件可能的情况下，积极应用新技术、新工艺、新材料，避开传统的、落后的施工方法，例如在地下工程施工中尽量采用顶管、盾构、非开挖水平定向钻孔等先进施工方法，避免传统的大开挖，减少施工对环境的影响。

（2）深基坑施工，应考虑设置挡墙、护坡、护脚等防护设施，以缩短边坡长度。在技术经济比较的基础上，对深基坑的边坡坡度、排水沟形式与尺寸、基坑填料、取弃土设计等方案进行比选，避免高填深挖，尽量减少土方开挖和回填量，最大限度地减少对土地的扰动，保护周边自然生态环境。

（3）合理确定施工场地取土和弃土场地地点，尽量利用山地、荒地作为取、弃土场用地；有条件的地方，尽量采用符合技术标准的工业废料、建筑废渣填筑，减少取土用地。

（4）尽量使用工厂化加工的材料和构件．减少现场加工占地量。

2. 红线外临时占地应环保

红线外临时占地应尽量使用荒地、废地，少占用农田和耕地。工程完工后，及时对红线外占地恢复原地形、地貌，使施工活动对周边环境的影响降至最低。

第七章　绿色建筑运营管理

第一节　绿色建筑及设备运营管理

绿色建筑的最大特点是将可持续性和全生命周期综合考虑，从建筑的全生命周期的角度考虑和运用“四节一环保”目标和策略，实现建筑的绿色内涵，而建筑的运行阶段占整个建筑全生命时限的95%以上。可见，要实现“四节一环保”的目标，不仅要使这种理念体现在规划、设计和建造阶段，更需要提升和优化运行阶段的管理技术水平和模式，并在建筑的运行阶段得到落实。

一座环保绿色的建筑不仅要提供优质的室内空气，而且对热、冷和潮湿也要做好防护。和较好的室内空气品质一样，合适的热湿环境对建筑使用者的健康、舒适性和工作效率也非常重要，并且在保证对建筑使用者的健康、舒适性和工作效率的同时，还要考虑建筑及建筑设备运行时是否节能减排，由此可以确定建筑及建筑设备运行管理的原则包括三个方面：一是控制室内空气品质；二是控制热舒适性；三是节能减排。根据建筑及建筑设备运行管理的原则和绿色建筑技术导论中提到的绿色建筑运行管理的技术要点，其管理的内容分为室内环境参数管理、建筑设备运行管理、建筑门窗管理。

一、室内环境参数管理

（一）合理确定室内温、湿度和风速

假设空调室外计算参数为定值时，夏季空调室内空气计算温度和湿度越低，房间的计算冷负荷就越大，系统耗能也越大。研究证明，在不降低室内舒适度标准的前提下，合理组合室内空气设计参数可以收到明显的节能效果。

随室内温度的变化，节能率呈线性规律变化，室内设计温度每提高1℃，中央空调系统将减少能耗约6%。当相对湿度大于50%时，节能率随相对湿度呈线性规律变化。由于夏季室内设计相对湿度一般不会低于50%，所以以50%为基准，相对湿度每增加5%，节能10%。因此在实际控制过程中，我们可以通过楼宇自动控制设备，使空调系统的运行温度和设定温度差控制在0.5℃以内，不要盲目地追求夏季室内温度过低，冬季室内温度过高。

通常认为20℃左右是人们最佳的工作温度；25℃以上人体开始出现一些状况的变化

（皮肤温度升高，接下来出汗，体力下降以及消化系统等发生变化）；30℃左右时，人们开始心慌、烦闷；50℃的环境里人体只能忍受 1 小时。确定绿色建筑室内标准值的时候，我们可以在国家《室内空气质量标准》的基础上做适度调整。随着节能技术的应用，我们通常把室内温度在采暖期控制在 16℃左右。制冷时期，由于人们的生活习惯，当室内温度超过 26℃时，并不一定就开空调，通常人们有一个容忍限度，即在 29℃时，人们才开空调，所以在运行期间，通常我们把室内空调温度控制在 29℃。

空气湿度对人体的热平衡和湿热感觉有重大的作用，通常在高温高湿的情况下，人体散热困难，使人感到透不过气，若湿度降低，会感到凉爽。低温高湿环境下虽说人们感觉更加阴凉，如果降低湿度，会感觉到加温，人体会更舒适。所以根据室内相对湿度标准，在国家《室内空气质量标准》的基础上做了适度调整，采暖期一般应保证在 30% 以上，制冷期应控制在 70% 以下。

室内风速对人体的舒适感影响很大。当气温高于人体皮肤温度时，增加风速可以提高人体的舒适度，但是如果风速过大，会有吹风感。在寒冷的冬季，增加风速使人感觉更冷，但是风速不能太小，如果风速过小，人们会产生沉闷的感觉。因此，按照国家《室内空气质量标准》的规定，采暖期在 0.2m/s 以下，制冷期在 0.3m/s 以下。

（二）合理控制新风量

根据卫生要求建筑内每人都必须保证有一定的新风量。但新风量取得过多，将增加新风耗能量。所以新风量应该根据室内允许 CO_2 浓度根据季节及时间的变化以及空气的污染情况，来控制新风量以保证室内空气的新鲜度。一般根据气候分区的不同，在夏热冬暖地区主要考虑的是通风问题，换气次数控制在 0.5 次 /h，在夏热冬冷地区则控制在 0.3 次 /h，寒冷地区和严寒地区则应控制在 0.2 次 /h。通常新风量的控制是智能控制，根据建筑的类型、用途、室内外环境参数等进行动态控制。

（三）合理控制室内污染物

控制室内污染物的具体措施有：采用回风的空调室内应严格禁烟；采用污染物散发量小或者无污染的“绿色”建筑装饰材料、家具、设备等，养成良好的个人卫生习惯，定期清洁系统设备，及时清洗或更换过滤器等；监控室外空气状况，对室外引入的新风系统应进行清洁过滤处理；提高过滤效果，超标时能及时对其进行控制；对复印机室和打字室、餐厅、厨房、卫生间等产生污染源的地方进行处理，避免建筑物内的交叉污染。必要时在这些地方采取强制通风换气措施。

二、建筑设备运行管理

（一）做好设备运行管理的基础资料工作

基础资料工作是设备管理工作的根本依据，基础资料必须正确齐全。利用现代手段，运用计算机进行管理，使基础资料电子化、网络化，活化其作用。设备的基础资料包括以下几点：

（1）设备的原始档案。指基本技术参数和设备价格；质量合格证书；使用安装说明书；验收资料；安装调试及验收记录；出厂、安装、使用的日期。

（2）设备卡片及设备台账。设备卡片将所有设备按系统或部门、场所编号。按编号将设备卡片汇集进行统一登记，形成一本企业的设备台账，从而反映全部设备的基本情况，给设备管理工作提供方便。

（3）设备技术登记簿。在登记簿上记录设备从开始使用到报废的全过程。其中包括规划、设计、制造、购置、安装、调试、使用、维修、改造、更新及报废，都要进行比较详细的记载。每台设备建立一本设备技术登记簿，做到设备技术登记及时准确齐全，反映该台设备的真实情况，用于指导实际工作，

（4）设备系统资料。建筑的物业设备都是组成系统才发挥作用的。例如中央空调系统由冷水机组、冷却泵、冷冻泵、空调末端设备、冷却塔、管道、阀门、电控设备及监控调节装置等一系列设备组成，任何一种设备或传导设施发生故障，系统都不能正常制冷。因此，除了设备单机资料的管理之外，对系统的资料管理也必须加以重视。系统的资料包括竣工图和系统图。竣工图：在设备安装、改进施工时原则上应该按施工图施工，但在实际施工时往往会碰到许多具体问题需要发生变动，把变动的地方在施工图上随时标注或记录下来，等施工结束，把施工中变动的地方全部用图重新标识出来，符合实际情况，绘制竣工图，交资料室及管理设备部门保管。系统图：竣工图是整个物业或整个层面的布置图，在竣工图上各类管线密密麻麻，纵横交错，非常复杂，不熟悉的人员一时也很难查阅清楚，而系统图就是把各系统分割成若干子系统（也称分系统），子系统中可以用文字对系统的结构原理、运作过程及一些重要部件的具体位置等做比较详细的说明，表示方法灵活直观、图文并茂，使人一目了然，可以很快解决问题。并且把系统图绘制成大图，可以挂在工程部墙上，强化员工的培训教育意识。

（二）合理匹配设备，实现经济运行

合理匹配设备，是建筑节能关键。否则，匹配不合理，“大马拉小车”，不仅运行效率低下，而且设备损失和浪费都很大。在合理匹配设备方面，应注意以下几点。

（1）要注意在满足安全运行、启动、制动和调速等方面的情况下，选择好额定功率恰当的电动机，避免选择功率过大而造成浪费，或功率过小使电动机动过载运行，缩短电机寿命。

（2）要合理选择变压器容量。由于使用变压器的固定费用较高且按容量计算，而且在启用变压器时也要根据变压器的容量大小向电力部门交纳增容费。因此，合理选择变压器的容量也至关重要。选得太小，过负荷运行变压器会因过热而烧坏；选得太大，不仅增加了设备投资和电力增容等费用，同时耗损也很大，使变压器运行效率低，能量损失大。

（3）要注意按照前后工序的需要，合理匹配各工序各工段的主辅机设备，使上下工序达到优化配置和合理衔接，实现前后工序能力和规模的和谐一致，避免因某一工序匹配过大或过小而造成浪费资源和能源的现象。

（4）要合理配置办公、生活设施，比如空调的选用，要根据房间面积去选择合适的空调型号和性能，否则功率过大造成浪费，功率过小又达不到效果。

（三）动态更新设备，最大限度发挥设备能力

设备技术和工艺落后，往往是产生性能差、消耗高、运行成本高、污染大的一个重要原因，同时对安全管理等方面也有很大影响。因此要实现节能减排，必须下决心去尽快淘汰那些能耗高、污染大的落后设备和工艺。在淘汰落后设备和技术工艺中，应注意以下几个事项：

（1）根据实际情况，对设备实行梯级利用和调节使用，逐步把节能型设备从开动率高的环节向使用率低的环节动态更新，把节能型设备用在开动率高的环节上，更换下的高能耗设备用在开动率低的环节上。这样换下来的设备用在开动率低的环节后，虽然能耗大、效率低，但由于开动的次数少，反而比投入新设备的成本还低。

（2）要注意对闲置设备的处理按照节能减排的要求进行革新和改造，努力让这些设备重新用于运行中。

（3）要注意单体设备节能向系统优化节能转变，全面考虑工艺配套，使工艺设备不仅在技术设备上高起点，而且在节能上高起点。

（四）合理利用和管理设备，实现最优化利用能量

节能减排的效率和水平很大程度上取决于设备管理水平的高低。加强设备管理是不需要投资或少投资就能收到节能减排效果的措施。在设备管理上，应注意以下几个事项：

（1）要把设备管理纳入经济责任制严格考核，对重点设备指定专人操作和管理。

（2）要注意削峰填谷，以蓄冷空调为例，针对建筑的性质和用途以及建筑冷负荷的变化和分配规律来确定蓄冷空调的动态控制，完善峰谷分时电价、分季电价，尽量安排利用低谷电。特别是大容量的设备要尽量放在夜间运行。

（3）设备要做到在不影响使用效果的情况下科学合理使用，根据用电设备的性能和特点，做到能不用的尽量不用，能少用的尽量少用，在开机次数、开机时间等方面灵活掌握，严格执行主机停、辅机停的管理制度。如：一台115匹分体式空调机如果温度调高1摄氏度，按运行10h计算能节省0.5度电，而调高1摄氏度，人所能感到的舒适度并不会降低。

（4）摸清建筑节电潜力和存在的问题，有针对性地采取切实可行的措施挖潜降耗，坚决杜绝白昼灯、长明灯、长流水等浪费能源的现象发生，提高节能减排的精细化管理水平。

（五）养成良好的习惯，减少待机设备

待机设备是指设备连接到电源上且处于等待状态的耗电设备。在企业的生产和生活中，许多设备大多有待机功能，在电源开关未关闭的情况下，用电设备内部的部分电路处

于待机状态，这样照样会耗能。比如：电脑主机关后不关显示器、打印机电源；电视机不看时只关掉电视开关，而电源插头并未拔掉；企业生产中有许多不是连续使用的设备和辅助设备，操作工人为了使用上的便利，在这些设备暂不使用时将其处于待机通电状态。诸如此类的许多待机功耗在作怪，无异于等于在做无功损耗，这样不仅会耗费大量的电能，造成电能的隐性浪费，而且释放出的 CO_2 还会对环境造成不同程度的影响。

因此，在节能减排方面，我们要注意消除隐性浪费，这不仅有利于节约能源，也有利于减少环保压力。要消除待机状态，这其实是一件很容易的事情，只要在生产、生活、办公设备长时间不使用时彻底关掉其电源就可以了。如果我们每个企业都养成这样良好的用电习惯，每年就可以减少很多设备的待机时间，节约大量能耗。

第二节　绿色建筑节能检测和诊断

一、节能检测和计量

（一）节能检测

目前，全国范围内建筑节能检测都执行《采暖居住建筑节能检验标准》，它是最具权威性的检测方法，它的发布实施，为建筑节能政策的执行提供了一个科学的依据，使得建筑节能由传统的间接计算、目测定性评判变为现在的直接测量，从此这项工作进入了由定性到定量、由间接到直接、由感性判断到科学检测的新阶段。

根据对建筑节能影响因素和现场检测的可实施性的分析，我们认为，能够在试验室检测的宜在试验室检测（如门窗等作为产品在工程使用前后它的性状不会发生改变）；除此之外，只有围护结构是在建造过程中形成的，对它的检测只能在现场进行。因此建筑节能现场检测最主要的项目是围护结构的传热系数，这也是最重要的项目。如何准确测量墙体传热系数是建筑节能现场检测验收的关键，目前对建筑节能现场检测围护结构（一般测外墙和屋顶、架空地板）的传热系数的方法主要有热流计法、热箱法、红外热像仪法和常功率平面热源法四种。

1. 热流计法

热流计是建筑能耗测定中常用仪表，该方法采用热流计及温度传感器测量通过构件的热流值和表面温度，通过计算得出其热阻和传热系数。

其检测基本原理为：在被测部位布置热流计，在热流计周围的内外表面布置热电偶，通过导线把所测试的各部分连接起来，将测试信号直接输入计算机，通过计算机数据处理，可打印出热流值及温度读数。当传热过程稳定后，开始计量。为使测试结果准确，测试时应在连续采暖（人为制造室内外温差亦可）稳定至少 7 天的房间中进行。一般来讲，室内外温差愈大（要求必须大于 20℃），其测量误差相对愈小，所得结果亦较为精确，其缺点是受季节限制。该方法是目前国内外常用的现场测试方法，国际标准和美国 ASTM 标准都对热流计法做了较为详细的规定。

2. 热箱法

热箱法是测定热箱内电加热器所发出的全部通过围护结构的热量及围护结构冷热表面温度。它分为实验室标定热箱法和实验室防护热箱法两种。

其基本检测原理是用人工创建一个一维传热环境，被测部位的内侧用热箱模拟采暖建筑室内条件并使热箱内和室内空气温度保持一致，另一侧为室外自然条件，维持热箱内温度高于室外温度 8℃以上，这样被测部位的热流总是从室内向室外传递，当热箱内加热量与通过被测部位的传递热量达到平衡时，通过测量热箱的加热量得到被测部位的传热量，经计算得到被测部位的传热系数。

该方法的主要特点：基本不受温度的限制，只要室外平均空气温度在 25℃以下，相对湿度在 60% 以下，热箱内温度大于室外最高温度 8℃以上就可以测试。据业内技术专家通过交流认为：该方法在国内尚属研究阶段，其局限性亦是显而易见的，热桥部位无法测试，况且尚未发现有关热箱法的国际标准或国内权威机构的标准。

3. 红外热像仪法

红外热像仪法目前还在研究改进阶段，它通过摄像仪可远距离测定建筑物围护结构的热工缺陷，通过测得的各种热像图表征有热工缺陷和无热工缺陷的各种建筑构造，用于在分析检测结果时做对比参考，因此只能定性分析而不能量化指标。

4. 常功率平面热源法

常功率平面热源法是非稳态法中一种比较常用的方法，适用于建筑材料和其他隔热材料热物理性能的测试。其现场检测的方法是在墙体内表面人为地加上一个合适的平面恒定热源，对墙体进行一定时间的加热，通过测定墙体内外表面的温度响应辨识出墙体的传热系数。

（二）节能计量

事实上，大量的能源浪费是由于缺乏法制和监督，还由于传统的按面积缴纳热费或冷气费的做法造成了“高能耗”的行为。要想解决该问题，需要在供热系统和空调系统同时推广冷 / 热计量，不仅鼓励用户的节能行为，而且可以为公用建筑的能源审计提供便捷有效的途径。所以，要实现建筑节能，计量问题是保障。

1. 冷热计量的方式

要实现冷热计量，通常使用的方式有以下几种。

（1）北方公用建筑：可以在热力入口处安装楼栋总表；

（2）北方已有民用建筑（未达到节能标准的）：可以在热力入口处安装楼栋总表，每户安装热分配表；

（3）北方新的民用建筑（达到节能标准的）：可以在热力入口处安装楼栋总表，每户安装户用热能表；

（4）采用中央空调系统的公用建筑：按楼层、区域安装冷 / 热表；采用中央空调系统的民用建筑：按户安装冷 / 热表。

2. 采暖的计费计量

“人走灯关”是最好的收费实例，同样也是用多少电交多少费的有力佐证。分户供暖达到计量收费这一制约条件后，居民首先考虑的就是自己的经济利益。如果分户供暖进而计量收费，居民就会合理设置自家的供热温度，比如，卧室休息时可以调到 20℃，平时只需 15℃即可。厨房和储藏室不用时保持在零上温度即可，客厅只需 16℃就可安全越冬，长期坚持，自然就养成了行为节能的好习惯。分户热计量、分室温控采暖系统的好处是水平支路长度限于一个住户之内，能够分户计量和调节热供量，可分室改变供热量，满足不同的室温要求。

3. 分户热量表

（1）分室温度控制系统装置——锁闭阀。锁闭阀：分两通式锁闭阀及三通式锁闭阀，具有调节、锁闭两种功能，内置外用弹子锁，根据使用要求，可为单开锁或互开锁。锁闭阀既可在供热计量系统中作为强制收费的管理手段，又可在常规采暖系统中利用其调节功能。当系统调试完毕即锁闭阀门，避免用户随意调节，维持系统正常运行，防止失调情况发生。散热器温控阀：散热器温控阀是一种自动控制散热器散热量的设备，它由两部分组成，一部分为阀体部分，另一部分为感温元件控制部分。由于散热器温控阀具有恒定室温的功能，因此主要用在需要分室温度控制的系统中。自动恒温头中装有自动调节装置和自力式温度传感器，不需任何电源长期自动工作。它的温度设定范围很宽，连续可调。

（2）热量计装置——热量表。热量表（又称热表）是由多部件组成的机电一体化仪表，主要由流量计、温度传感器和积算仪构成。住户用热量表宜安装在供水管上，此时流经热表的水温较高，流量计量准确。如果热量表本身不带过滤器，表前要安装过滤器。热量表用于需要热计量系统中。热量分配表不是直接测量用户的实际用热量，而是测量每个用户的用热比例，由设于楼入口的热量总表测算总热量，采暖季结束后，由专业人员读表，通过计算得出每户的实际用热量。

4. 空调的计费计量

能量“商品化”，按量收费是市场经济的基本要求。中央空调要实现按量收费，必须有相应的计量器具和计量方法，按计量方法的不同，目前中央空调的收费计量器具可分为直接计量和间接计量两种形式。

（1）直接计量形式。直接计量形式的中央空调计量器具主要是能量表。能量表由带信号输出的流量计、两只温度传感器和能量积算仪三部分组成，它通过计量中央空调介质

（水）的某系统内瞬时流量、温差，由能量积算仪按时间积分计算出该系统热交换量。在能量表应用方面，根据流量计的选型不同，主要有三大类型，分别为机械式、超声波式、电磁式。

（2）间接计量形式。间接计费方法有电表计费、热水表计费等。电表计费就是通过电表计量用户的空调末端的用电量作为用户的空调用量依据来进行收费的；热水表计费就是通过热水表计量用户的空调末端用水量作为用户的空调用量依据来进行收费的。这两种间接计费方法虽简单、便宜，但都不能真正反映空调"量"的实质，中央空调要计的"量"是消耗能量（热交换量）的多少。按这几种间接计费方法，中央空调系统能量中心的空调主机即使不运行或干脆没有空调主机，只要用户空调末端打开，都有计费，这显然是不合理的。

（3）当量能量计量法。CFP 系列中央空调计费系统（有效果计时型）根据中央空调的应用实际情况，首先检测中央空调的供水温度，只有在供水温度大于 40℃（采暖）或小于 12℃（制冷）情况下才计时（确保中央空调"有效果"），然后检测风机盘管的电动阀状态（无阀认为常开）和电机状态（确保用户在"使用"）进行计时（计量的是用户风机盘管的"有效果"使用时间），但这仅仅是一个初步数据，还得利用计算机技术、微电子技术、通信技术和网络技术等，通过计费管理软件以这些数据为基础进行合理的计算得出"当量能量"的付费比例，才能作为收费依据。

综上所述，值得推荐的两种计量方式为直接能量计量（能量表）和 CFP 当量能量计量。根据它们特点，前者适用于分层、分区等大面积计量，后者适用于办公楼、写字楼、酒店、住宅楼等小面积计量。

二、建筑系统的调试

系统的调试是重要但容易被忽视的问题。只有调试良好的系统才能够满足要求，并且能实现运行节能。如果系统调试不合理，往往需要加大系统容量才能达到设计要求，不仅浪费能量，而且会造成设备磨损和过载，必须加以重视。例如，有的办公楼未调试好系统就投入使用，结果由于群房的水管路流量大大超过应有的流量，致使主楼的高层空调水量不够，不得不在运行一台主机时开启两台水泵供水，以满足高层办公室的正常需求，造成能量浪费。最近几年，新建建筑的供热、通风和空调系统、照明系统、节能设备等系统与设备都依赖智能控制。然而，在很多建筑中，这些系统并没有按期望运行。这些问题的存在使建筑调试得到发展。

调试包括检查和验收建筑系统、验证建筑设计的各个方面，确保建筑是按照承包文件建造的，并验证建筑及系统是否具有预期功能。建筑调试的好处：在建筑调试过程中，对建筑系统进行测试和验证，以确保它们按设计运行并且达到节能和经济的效果；建筑调试过程有助于确保建筑的室内空气品质的良好；施工阶段和居住后的建筑调试可以提高建筑系统在真实环境中的性能，减少用户的不满程度；施工承包者的调试工作和记录保证系统按照设计安装，降低了在项目完成之后和建筑整个寿命周期问题的发生，也就意味着减少了维护与改造的费用；在建筑的整个寿命周期每年或者每两年定期进行再调试能保证系统连续地正常运行，也保障了室内空气品质，建筑再调试还能减少工作人员的抱怨并提高他们的效率，也减少了建筑业主潜在的责任。

三、设备的故障诊断

建筑设备要具有较高的性能，除了在设计和制造阶段加强技术研究外，在运行过程中时刻保持在正常状态并实现最优化运行也是必不可少的。近来也有研究表明，商业建筑中的暖通空调系统经过故障检测和诊断调试后，能达到 20% ~ 30% 的节能效果。因此，加强暖通空调系统的故障预测，快速诊断故障发生的地点和部位，查找故障发生的原因能减少故障发生的概率。一旦故障诊断系统能自动地辨识暖通空调设备及其系统的故障，并及时地通知设备的操作者，使系统得到立即修复，就能缩减设备“带病”运行的时间，也就能缩减维修成本和不可预知的设备停机时间。因此，加强对故障的预测与监控，能够减少故障的发生，延长设备的使用寿命，同时也能够给业主提供持续的、舒适的室内环境，这对提高用户的舒适性、提高建筑的能源效率、增加暖通空调系统的可靠性、减少经济损失将有重要的意义。

（一）故障检测与诊新的定义与分类

故障检测和故障诊断是两个不同的步骤，故障检测是确定故障发生的确切地点，而故障诊断是详细描述故障是什么、确定故障的范围和大小，即故障辨识，按习惯统称为故障检测与诊断（FDD）。故障检测与诊断的分类方法很多，如按诊断的性质分，可分为调试诊断和监视诊断；如果按诊断推理的方法分，又可以分为从上到下的诊断方法和从下到上的方法；如果按故障的搜索类型来分，又可以分为拓扑学诊断方法和症状诊断方法。

（二）故障检测与诊新技术在暖通空调领域的应用

目前，关于暖通空调的故障检测和诊断以研究对象来分，主要集中在空调机组和空调末端，其中又以屋顶式空调最多，主要原因是国外这种空调应用最多。另外，这个机型容量较小，比较容易插入人工设定的故障，便于实际测量和模拟故障。

（三）暖通空调故障检测与诊断的现状与发展方向

目前开发出来的主要故障诊断工具有用于整个建筑系统的诊断工具、用于冷水机组的诊断工具、用于屋顶单元故障的诊断工具、用于空调单元故障的诊断工具、变风量箱诊断工具。但上述诊断工具都是相互独立的，一个诊断工具的数据并不能用于另一个诊断工具中。

可以预见，将来的故障诊断工具将是建筑的一个标准的操作部件。诊断学将嵌入到建筑的控制系统中去，甚至故障诊断工具将成为 EMCS 的一个模块。这些诊断工具可能是由控制系统生产商开发提供，也可能是由第三方的服务提供商来完成。换句话说，各个诊断工具的数据和协议将是开放和兼容的，是符合工业标准体系的，具有极大的方便性和实用性。

第三节　既有建筑的节能改造

在中国，建筑能耗占到了社会总能耗的 30% 以上，其中既有建筑是建筑领域主要的能源消耗体。据统计，我国目前的既有建筑面积已经在 500 亿 m^2 左右，高耗能建筑已占到了 90% 以上。所以，更好地减少和控制既有建筑的能源消耗成为了实现节能减排目标的重要环节。建筑节能尤其是既有建筑节能改造工作，对我国节能减排和可持续发展战略具有重要的意义。全面有效地进行既有建筑节能改造工作，不仅有利于提高能源利用率，减少能源消耗，而且有利于改善居民的生活质量，对于构建和谐社会起到了推动作用。

一、建筑节能的背景及其意义

（一）节能的背景

从人类诞生至今，就开始一点一滴地通过利用自然界的资源满足自己的生产生活需求，通过对能源的利用，人类文明得以不断发展。无论是原始社会利用水流灌溉的水渠，还是现代文明中巨大的核子反应堆，都是人类运用能源的真实写照。几千年来，人类运用能源提高了生产力，提升了自己的生活品质，然而自从 1973 年第一次能源危机之后，人类便了解到能源并非取之不尽用之不竭。资源的总量是有限的，一旦超过了地球的承受能力，人类只会越来越难以获得资源。不仅如此，环保问题也越来越成为威胁人类生存的重要问题：过量的温室气体排放造成温室效应，使得全球海平面升高，空调气体排放导致臭氧层遭到破坏，树木的滥砍滥伐导致绿地不断减小，土地荒漠化与水土流失……人类对自然资源的开采以及随意利用最终威胁到了自身生存。由于人类对资源毫无节制的利用，肆意地向地球排放污染物，导致各种自然灾害频发，对生产生活造成了很大危害。发现自身对自然的破坏以及资源的有限性之后，人类开始评估如何将自然资源的利用与开采取得平衡，与此同时，更加高效的能源利用方式也不断被人发现。一切都只为了一个核心——以最高的效率利用这些能量，使得人类生活与生态环境趋向平衡。

（二）中国节能改造方案决策现状分析

中国的经济一直以火箭般的速度向前飞奔，然而支撑这一“火箭”所需要的庞大能耗，也在日趋增大。党中央在规划纲要中提出，面对日益恶化的环境与枯竭的资源，必须加强走可持续发展之路，将高污染高能耗工业转变为低碳、环保、绿色新型工业，降低国内能耗，走环境友善型发展道路。中国建筑业的能耗大约占初始能耗的35%左右。现在国家集中力量搞建设，城镇化的比率越来越高。市民们看到一栋栋宏伟壮丽的建筑拔地而起的同时，看不到的是资源与能源的大量消耗，甚至有一部分宝贵的不可再生资源被浪费在不规范的建筑活动中，生产过程中排放的污染物也是造成现阶段雾霾的因素之一。未来中国建筑耗能及排放将呈急剧上扬趋势。中国现存大量的不节能建筑，对它们进行节能改造，是提高中国能源利用效率的有效途径之一。总体来看，中国目前在节能方面主要面临以下几个方面的挑战。

1. 高碳现象明显

目前中国处于能源需求快速增长的时期，为了能够提高人民的生活质量，基础设施的大规模建设是必不可少的，随着人们生活水平的提高，机动车辆的需求也日益增加，工业化的生活方式带来了能耗水平的增加，现如今高能耗低效率的生产方式，不但制约着中国经济的发展，还对居民的生活健康带来严重损害。

2. 自然资源十分匮乏

中国的自然资源储量在世界水平中位于第二，但由于中国大规模的人口基数，导致人民平均占有资源的水平不高，仅为世界平均水平的40%，为了满足国内增长的能源需求，需要大量进口资源，故而在国家战略上受制于人。

3. 能源利用效率不高

高效用能技术的普及相对落后，中国现大部分能用手段为原材料的直接利用，缺乏资源的深加工，并且社会各界的节能意识还不是很强，为减少成本使用相对落后的技术，加剧了中国能源的消耗情况。

4. 节能改造决策思维模式落后

现阶段中国各级政府已产生一定的节能意识，然而在节能改造方面仍然缺少科学的分析方式，大部分决策照搬国外的模板，现阶段的决策以及施工人员倾向于盲目相信以往的成功经验而不愿根据实地分析，造成节能效果不高、浪费社会资源等后果．更不利于中国节能事业的长期开展。

（三）建筑节能决策优化的重要作用

在能源消耗过程中，建筑能耗占有很大的比重，其中包括建造消耗及使用消耗两个方面。大部分开发商为了节约成本，在建造能耗方面能够做到一定程度的把控。然而在后期使用消耗上一般与企业利益挂钩不大，使得新节能技术难以得到推广。建造能耗属于一次性消耗，使用消耗则包含一个长期的过程。

如今，中国各大城市已经清醒地认识到现有建筑物很大程度上无法满足节能环保的需要，如不对高能耗建筑进行有效的节能改造，其造成的能源浪费将对中国的可持续发展方针造成严重阻碍。因此，各级政府也在积极地对高能耗、低效率的建筑进行节能改造，减少城市的能源负担。但相当一部分改造，投入了巨大的成本却未能达到预期的节能效果，有的甚至造成资源浪费，为城市发展带来了额外的负担。究其原因，中国一部分节能改造工程在决策前并未进行科学的分析，相反，仅仅是照搬成功案例或者凭借经验武断地做出判断。因此容易发生吃力不讨好的情况，不但成本超支，节能效果也大打折扣。

节能改造工程具有很大的地域性特征，对材料的要求与达到的效果在不同城市之间具有很大差异。若能将凭经验判定的因子具体量化，在决策比对时就会更易做出判断。因此，需要有科学的方法评价节能改造方案中的各项指标。

二、既有建筑节能改造的系统学分析

既有建筑节能改造工作不仅可以缓解我国的能耗困境和环境污染问题，还有利于我国的民生建设，并且对我国经济的可持续发展和构建和谐社会也具有重要的作用。但是目前既有建筑节能改造工作的开展遇到了障碍，而且还受到诸多因素的复杂影响。为了更好地推进既有建筑节能改造工作的进行和发展，进而从宏观的角度找到阻碍因素，现将该工作作为一个整体的系统进行考虑。

在运用系统学的有关理论之前，必须先明确系统的定义，即由两个或两个以上互相联系、互相依赖、互相制约、互相作用的若干组成部分以某种分布形式组合成的，具有特定功能、朝着特定目标运动发展的有机整体。根据上述定义，运用系统学的基本原理、分别从物理结构层、表现层、环境层三个方面对既有建筑节能改造工作进行分析，找到影响既有建筑节能改造工作开展的问题因素，为下一步研究的开展提供研究方向。

（一）物理结构层

物理结构层是系统得以生存和发展的物质基础，研究物理结构层实际上就是剖析整个系统内部的物理结构，其研究对象具体包括系统的边界、组成元素、元素之间的关系以及构成的运行模式。系统边界的作用是区分系统内部元素和外部环境。元素是系统的基本单元，整个系统中的元素之间具有独立的或者复杂的关系，这些系统元素和其中的关系集又构成了系统的运行模式。

1. 既有建筑节能改造系统的边界

系统边界就是指一个系统所包含的所有系统成分与系统之外各种事物的分界线。一般在系统分析阶段都要明确系统边界，这样才能继续进行下面的研究。由于社会系统一般都是开放的复杂系统，系统内部和环境之间进行的各种交换行为也是时刻进行的。既有建筑节能改造系统就是一个典型的社会系统，所以它不具有明确的物理边界。

首先，针对既有建筑节能改造来说，改造空间并不是固定的，可能为公共建筑，或者为住宅建筑，公共建筑中又分为政府建筑、企事业单位建筑等；其次是参与既有建筑节能改造的主体也可能发生变化，参与改造工程的主体包括：中央政府、地方政府、国外合作组织、节能服务公司、供热企业、金融机构、第三方评估机构和用能单位等，面对不同的建筑形式和改造背景，参与主体可以形成多种组合形式；最后，不同项目的既有建筑节能改造的内容和技术也是不同的，改造内容包括：围护结构改造、供热系统改造、门窗改造、节水节电改造和建筑环境改造等，面对如此多样的改造内容，技术革新是非常必要的。由此可见，定义既有建筑节能改造系统的物理边界是非常困难的。所以，面对不同的改造项目、参与主体和改造背景，既有建筑节能改造系统的边界都是不同的，它是模糊的，也是动态变化的。

2. 既有建筑节能改造系统的结构

每个系统都是由元素按照一定的方式组成，组成系统的元素本身也是一个系统，从这个意义上可以将元素看作是系统的“子系统”，这些子系统结构是由一些特定的元素按照一定的关联方式形成的。为了分析既有建筑节能改造系统的结构，必须先明确该系统中包含的元素以及包含的子系统。尽管既有建筑节能改造系统是个具有模糊边界的大系统，但是其中的结构还是比较清晰的。在该系统中包含的元素包括政府、节能服务公司、供能企业、用能单位、金融机构和第三方评估机构等。其中政府、用能单位又可作为子系统对待，故将政府分为中央政府和地方政府，用能单位分为政府、企事业单位、单一产权企业和住户。各个参与主体在既有建筑节能改造过程中所表现的行为特征或者做出的行为策略都有所不同。

（1）中央政府

在既有建筑节能改造的过程中，中央政府作为顶层推动力量，不仅要强化政府职能，制定明确的宏观战略目标和节能改造相关政策，而且还要采用多种调控手段来干预市场，并与其他参与主体进行协调，积极构建长效机制。中央政府在推进既有建筑节能改造过程中发挥了不可替代的作用，其作用主要表现在以下几个方面。

第一，制定宏观目标和战略。中央政府根据目前我国的社会发展水平和经济实力，并结合国内既有建筑节能改造的现状制定总体目标以及发展战略，进而站在宏观角度把握我国既有建筑的节能改造工作的发展方向。

第二，完善相关法律法规和政策。首先，既有建筑节能改造工作的顺利进行必须有完善的法律体系作为保障。政府应抓紧研究建筑节能改造的开发、运行、管理、税收、市场、信息资源管理等方面的法律法规，进而运用法律手段理顺各个改造相关主体的责权关系，完善责任追究制度与相关理赔制度。其次，完善政策保障体系。由于既有建筑节能改造工作具有“正外部性”，即业主在进行既有建筑节能改造工作之后的个人收益小于建筑节能行为带来的社会收益，进而影响了市场机制下的业主节能改造的行为。所以，政府在完善强制性政策的同时，应从经济和税收方面入手，制定相应的鼓励性政策。

第三，积极创造服务体系环境。中央政府职能的作用还可以通过创造和规范服务市场环境来体现，政府通过完善建筑节能改造市场的建设条件，规范金融、技术、咨询、信息管理等服务体系。首先，中央政府的职能主要是协助地方政府建立符合当地情况的金融体系和融资方式，以及建立科学合理的技术开发和技术服务体系。其次，政府应规范建筑节能改造的信息咨询和管理服务，为各个行为主体及时获得有效准确的建筑节能信息提供条件。

（2）地方政府

我国是一个幅员辽阔的国家，每一个地区的自然环境、经济情况以及人文背景等都略有不同，所以要将国家既有建筑节能改造的相关政策法规以及长远规划与本地区的实际情况相结合，地方政府起到了关键的作用，其作用主要表现在以下几个方面。

第一，制定积极的财政投入政策。地方政府结合国家的建筑节能改造目标制定本地区的目标实现方案，并积极地安排资金，支持建筑节能改造技术的研发、应用以及改造工作的推广等。

第二，地方政府的行政监督作用。行政监督职能的运行情况直接影响了既有建筑节能改造的发展环境。在节能改造工作还未进入市场化之前，地方政府应该严格发挥自身的行政监督职能，根据国家相关的法律法规，对改造的全过程进行专项检查，看其是否符合相关的节能改造技术和标准的要求，并将检查结果透明化、公开化。

第三，宣传既有建筑节能改造相关知识。地方政府可以利用各种宣传媒介进行建筑节能知识的教育工作，使全民树立强烈的保护环境、节约能源意识，这样才能更好地推进既有建筑节能改造工作的顺利进行。

（3）节能服务公司

节能服务公司（Energy Services Company，ESCO），又称能源管理公司，是一种基于合同能源管理机制运作的、以营利为目的的专业化公司。节能服务公司是合同能源机制的载体，是联系改造过程中各个参与者的纽带。在我国既有建筑节能改造市场化之后，节能服务公司将成为改造过程的核心主体。

ESCO 向客户提供的服务包括：建筑能源审计和能耗分析、节能改造工程项目全过程的监理工作、设备管理和物业管理、节能改造项目的融资、区域能源供应、材料和设备采购、人员培训、运行和维护、节能量检测与验证等。

ESCO 的运行流程如下：根据我国既有建筑节能改造的现状寻找有节能改造意愿的用能单位；对待改造建筑进行全方位的能耗评估检测；与用能单位签订改造合同；对待改造建筑的进行改造施工；对改造后建筑进行能耗检测；在合同期范围内进行运行维护和管理，并享受项目后期的节能收益分享。

ESCO 提供的能源服务对用能单位的好处包括：不需要投资就可直接更新设备以降低运行费用；可以获得 ESCO 一定的节能经验；获得比自行改造更高的节能收益；承担部分商业风险，如合同期内保证新设备的性能等。

近几年，建筑节能服务公司的数量直线攀升。这些建筑节能服务公司在推进既有建筑节能改造的过程中取得了些许成绩，但是由于节能服务市场发展的还不太成熟，所以这些公司在推进节能改造的过程中还存在很多问题。首先，在建筑节能改造服务的过程中，银行等金融机构由于对节能服务公司的资信水平不了解，导致对其支持力度减弱，所以节能改造项目的资金来源基本是由大量的公司自有资金和少部分银行贷款组成，这不仅使节能服务公司背上沉重的资金负担，还严重影响了建筑节能改造市场化的进程推进。其次，由于目前的能源价格较低，以及用能单位对建筑节能服务公司的服务水平、节能改造内容、改造效果等信息缺乏了解，导致现阶段建筑节能服务市场需求不足，这也严重地影响了建筑节能服务公司的发展。最后，建筑节能服务公司缺乏相关专业人才，其中包括能效评估师、能源管理师、节能设备调试人员等，节能服务公司的人才培养模式尚未建立。

目前，在市场上存在的节能服务公司的服务质量良莠不齐，大部分资信实力也相对薄弱，这对建筑节能领域的广大消费者造成了巨大的选择障碍，也严重地影响到既有建筑节能改造市场化的推进。

（4）供能企业

目前，既有建筑的供能企业主要分为供热企业和电网企业，这种企业一般为地方国有性质，行为受到国家管控，而且对供需情况和能源价格比较敏感。在现阶段，煤炭价格不断上涨，新型能源技术还无法全面普及，供能企业经营状况堪忧。这些企业虽然接受国家补贴，但是还不足以维持收支平衡，只能依靠不断地提高电价和热价来维持运营。

从供热企业的角度考虑。首先，在热源热量紧张的情况下，既有建筑节能改造可以带来供热需求量的降低，从而在有限的热源热量下增加供热面积。其次，既有建筑节能改造可以使供热企业的单位面积热指标降低，使企业的单位面积购热成本降低，进而增加供热企业的利润。第三，如果在既有建筑节能改造过程中实现从面积收费改成分户热计量收费，就可以有效地解决居民供热费缴纳难题。就上述看来，供热企业理应具有强烈的改造意愿，但实际情况并不乐观，在目前完成的既有建筑节能改造项目中，只有极少数的供热企业参加了一部分融资。通过分析实际运行情况可知，供热企业先按面积计算热价收入，得到供热成本降低量，在此基础上考虑按分户计量收费下用户少缴纳的热费以及后期人工运行成本及计量设施折旧，供热企业的投资回收高达 50 年左右。从投资经济效益来说，无法刺激供热企业投资既有建筑节能改造项目。

（5）用能单位

用能单位是既有建筑节能改造的直接影响主体，是节能改造的最终受益者。老旧的建筑经过节能改造后，可以明显地改善室内环境、提高建筑的功能性，这不仅提升了房屋的价值，还减少了用户在能源消费方面的支出。

根据民用建筑的分类，既有建筑分为公共建筑和住宅建筑，用能单位可以分为以下三种：政府部门、企事业单位和居民。

首先，由于政府部门和事业单位的运作资金来源于国家拨款，所以没有资金压力，除了完成上级下发的本单位建筑节能改造指标外，不具有主动改造的积极性。而且政府部门在完成建筑节能改造后降低了能源费用的支出，从而会影响第二年的财政预拨款额度。由于节能改造收益无法体现，进而影响了其节能改造的意愿。

企业单位如大型商场、星级酒店等属于建筑能耗大户。与政府部门以及事业单位有所不同的是，企业单位属于自负盈亏的财务模式，进行节能改造可以降低高额的能耗费用支出，所以这类单位具有强烈的节能意识和改造意愿。但是在这类建筑上推行节能改造措施还是有很多障碍。首先，由于企业建筑结构复杂、功能多样，对改造技术的要求较普通居住建筑要高很多，导致企业相关负责人担心改造后节能的效果。其次，大规模的企业具有较高的营业收入，这就往往使其忽视了建筑节能改造带来的经济收益，反而将重点放在了节能改造对其营业的影响上。最后，由于节能信息获得的不对称性，无法使企业及时得到准确的改造前建筑能耗信息以及预计的改造后节约能耗量，进而增加了单位的决策成本，影响到其进行建筑节能改造工作的积极性。

居住建筑的住户主要以零散居民为主。据调查研究，对于单一住户而言，耗能家电多、房屋面积大、家庭人口多的住户具有较强的建筑节能改造意愿。而在多住户住宅楼进行既有建筑节能改造工作则会受到更多复杂因素的影响，主要是需要绝大部分住户的许可。影响住户改造积极性的因素包括改造的资金来源、改造工期、施工对日常生活的影响和收益的分配方案等，这些因素都直接影响到既有建筑节能改造工作的进行。

（6）金融机构

金融机构是指从事金融服务业的机构，为金融体系的一部分，金融服务业包括银行、证券、保险、信托和基金等行业，金融中介机构包括银行、证券公司、保险公司、信托投资公司和基金管理公司等。目前制约既有建筑节能改造顺利进行的核心问题就是融资困难。在进行节能改造的过程中，一般都是前期垫付能耗检测和设备安装等费用，完成改造后才能逐渐享受投资收益，仅凭借国家投入和自有资金很难完成全过程，所以外部融资成了保证节能改造顺利进行的充分条件。由此可见，银行等金融机构在推动整个既有建筑节能改造过程中占据了重要的位置。

但是，目前节能改造领域的情况是，用能单位的资信水平参差不齐，偿还贷款能力和信誉都无法保证。例如，商业建筑履行偿还贷款的能力受到收益水平的影响。这些风险加之现阶段无法解决的各参与者之间的信息不对称问题，都导致了金融机构和担保机构无法将贷款和担保投入这种未知前景和模糊风险的领域中。另外，第三方节能检测评估机构的信誉和技术水平等信息对金融机构不透明，进而增加了决策的难度。

（7）第三方评估机构

目前，既有建筑节能改造工作出现了严重的信息不对称现象，这对于建筑节能改造市场的健康发展非常不利。例如，在节能服务公司负责的改造项目中，节能服务公司先后进行了建筑改造工作和效果评定工作，这就无法保证建筑能耗信息的客观性。而且，在其他改造模式中也无法实现信息的客观共享，这就造成了信息不对称现象的发生。所以，客观准确的评估工作必不可少。

第三方评估机构就是为了解决上述信息不对称现象而出现的。该机构首先受到业主或节能服务公司等改造主体的委托，并与其签订具有法律效力的改造合同，进而遵循独立、公正、客观的原则，利用专业的技术、人员和设备，为受委托改造的业主提供节能改造潜力评估、能效诊断、能耗检测和效益认定等服务。第三方评估机构的出现起到了监督的作用，是既有建筑节能改造工作进行中重要的中介监督机构。

3. 既有建筑节能改造系统的运行模式

从系统学的角度考虑，系统的运行模式就是为了实现系统稳定运行而形成的各元素之间、各子系统之间的组合方式和关系。系统在运行过程中会形成多种模式，也就是系统中各要素的不同组合方式，在不同的模式中，各个要素或子系统所具有的效力是不同的，每一种模式所具有的合力也不单单是效力和。根据不同的模式结构，系统出现不同的“涌现性”（即系统论中的整体大于部分和理论），为使整个系统实现最大效力的“涌现”，人们总是根据自身外部的环境，采用自认为最理想和最优化的运行模式，来实现整个系统的最大潜能和最大效力。

研究既有建筑节能改造的运行模式就是研究该系统中不同元素的组合方式，即由不同改造主体推动的改造模式。既有建筑节能改造的运行模式构建，就是通过人为手段实现结构层中的各个参与主体在管理、监督、融资和保障等环节上的协调配合，实现在既有建筑节能改造中技术、资金、人员和设施等方面的合理配置，最终目标就是尽可能发挥各个参与主体的最大效力和最大潜力，推动既有建筑节能改造工作顺利进行，实现经济效益、环境效益、社会效益的最大化。

但是由于既有建筑节能改造行为具有正外部性，即一些参与主体的行为活动给别的主体或环境带来了可以无偿得到的收益，这就影响到了各个主体参与既有建筑节能改造工作的积极性。由于外部成本不能内部化，进而造成了该市场存在部分失灵的区域，从而影响到我国既有建筑节能改造工作市场化的顺利开展。鉴于既有建筑节能改造的正外部性，目前该工作主要是以政府推动为主和市场配合为辅。

（1）既有建筑节能改造运行模式的分析内容

针对一个具体的既有建筑节能改造项目，为了探索适合该项目的运行模式，首先需要对该项目的具体情况进行分析研究，具体分析内容包括政府保障形式、改造主体、改造内容、改造效果、改造资金来源、改造后利益回报及分享形式等。

①政府保障形式。鉴于目前既有建筑节能改造市场有部分失灵的区域，影响到该工作市场化的顺利进行，所以必须充分发挥中央政府以及各地方政府的组织协调作用，来保障既有建筑节能改造工作的开展。中央政府需要根据每一阶段具体建筑节能改造情况，制定下一阶段的宏观规划目标，而且制定相应的经济激励政策和监督考核办法，即提供适合改造工作顺利开展的外部环境。各地方政府则应制定符合地方改造情况的配套政策以及相应的实施办法，并对建筑节能改造的具体项目做好合理有效的组织和管理工作。

②改造主体。改造主体的选择主要是由房屋私有化率的高低决定的。目前既有建筑节能改造的房屋分为公共建筑和住宅建筑。公共建筑主要为政府建筑和企事业单位建筑等，

这些房屋产权单一，改造主体主要为房屋所有权持有单位。对于住宅建筑的节能改造，我国与其他国家的情况有些不同。在欧洲多数国家，住宅建筑是由住房合作社所有，所以房屋产权公司是开展既有居住建筑节能改造的主体。而我国大部分的住宅建筑都归住户所有，所以既有居住建筑节能改造工作多为房地产公司和供热企业等主体组织实施。

③改造内容。我国既有建筑节能改造的主要内容包括建筑围护结构改造、采暖系统改造、通风制冷系统改造以及电气系统改造等。而国外，例如德国的既有建筑节能改造工程除了上述内容外，还增加了对房屋周边环境的改善，扩大居民对改造的认同程度。由于既有建筑节能改造内容的复制性不强，所以必须坚持“因地制宜”的原则，在改造工作前期要做好充分的建筑性能调查工作，选择科学合理先进的改造技术。在改造结束后也要做好严格的建筑能耗检测工作，并对改造后建筑进行后期维护和管理工作。

④改造资金来源。在德国和波兰等国家，政府为了保证既有建筑节能改造工作的顺利进行，均制订了专项的资金计划，并搭配了合理稳定的经济激励政策来刺激改造主体的积极性。所以，我国政府也应采取一些经济保障措施来推动既有建筑节能改造工作。具体项目的改造主体也可以利用先进的融资模式，充分调动资本市场的大量流动资金。改造主体还可以在政府的协助下，通过申请清洁发展机制项目（CDM），获得国家和企业的资金援助。

⑤改造效果。通过对大量国内外既有建筑节能改造工程实例的分析研究，房屋采用科学合理的技术改造方案后，均较大程度地改善了室内的热舒适环境，也获得了较好的节能效果，基本可以达到规定的 50% 或 65% 的节能标准，这也充分证明了开展既有建筑节能改造的必要性。

⑥改造后利益回报及分享形式。利益回报是各个改造主体投资既有建筑节能改造的原动力，对于不同的改造主体，利益回报模式也是不同的。国外公共建筑或住宅建筑的私有化率比较高，而且国外的既有建筑节能改造市场机制也比较完善，具有单一产权的住宅公司可以依靠节约能源的费用和提高的租金来回收改造投入。由于我国目前既有建筑的节能改造工作市场动力不足，导致改造主体主要是大型房地产公司或者供热企业，回收资金除了通过节约能源费用的方式，房地产公司还可以依靠加层面积的销售来实现投资回收，供热企业则通过间接地增加供热面积来实现供暖费收益的增加。

（2）现有的既有建筑节能改造模式分析

通过对上述改造模式内容的分析可以得出，一个完整的改造模式需要改造主体根据政府保障方式和改造效果目标，选择合理的改造内容、技术，并配合有效的资金保障形式才能够顺利运行。

虽然我国既有建筑节能改造工作开展得比较晚，但是中央政府以及各地方政府对于这项利国利民的工作给予了高度的重视。通过结合我国基本国情以及既有建筑节能改造市场的发展情况，政府在一些典型城市开展了示范工程，提出并使用了多种改造模式，具体可分为以下几种：

第一种，供热企业改造模式。由于供热企业一般具有国有性质，所以与政府的行动吻合度较高，而且也能比较快地理解和消化由各级政府制定的相关政策。供热企业改造模式的资金来源主要是靠地方政府补贴、自身企业投资、居民个人投入以及国际合作项目赠款等方式。该模式主要改造内容为外墙及屋面保温改造、分户热计量改造、供热热源改造等，有些项目还涉及室内环境的改造。总的来说，供热企业主导既有建筑节能改造工作是具有很大的积极性的。由于目前能源紧张，供热企业可以通过既有建筑节能改造降低单位面积热指标，减少单位面积供热成本，从而间接增加供热面积，实现供热收入的提高。但是在提高收益的同时，供热企业也应该站在居民的角度考虑问题，通过多种形式切实降低居民热费的支出。

第二种，节能服务公司改造模式。目前，我国的既有建筑节能改造市场化水平比较低，已经完成的建筑节能改造项目基本上都是靠政府来推动。但是面对接下来巨大的既有建筑节能改造任务，政府也无法轻松完成。

合同能源管理（EMC-Energy Management Contract）是一种新型的市场化节能机制，其实质就是以减少的能源费用来支付节能项目改造和运行成本的节能投资方式。在该运行模式下，用户可以用未来的节能收益来抵偿前期的改造成本。通过合同能源管理机制，不仅可以实现建筑能耗和成本的降低，还可以使房产升值，同时规避风险。

合同能源管理机制作为解决能耗问题的有效办法很快地被运用在既有建筑节能改造工作上来。节能服务公司是合同能源管理机制的核心部分和运行载体，是既有建筑节能改造市场化过程中不可缺少的核心主体，所以节能服务公司改造模式很快被建筑节能改造市场挖掘出来。

节能服务公司改造模式就是围绕合同能源管理机制开展的一种高效合理的改造模式。在该模式下，节能服务公司成为建筑节能改造的核心推动力量，并且在建筑的改造全过程中都起到了重要的作用，主要的服务内容包括建筑前期能耗分析、节能项目的融资、设备和材料的采购、技术人员的培训、改造完成后的节能量检测与验证等。目前，为了更好地适应既有建筑节能改造市场化的开展，围绕节能服务公司开展的节能改造又可分为以下几种具体模式：普通工程总包模式、节能量保证模式、改造后节能效益分享模式和能源费用托管模式等。

第三种，国际合作项目改造模式。为了更好地在我国推行既有建筑节能改造工作，各级政府积极探索新的改造模式，其中融合国际力量进行建筑节能改造是比较有创新性的方式，也是我国开展既有建筑节能改造试点工程中运用的典型模式。1996 以来，中国分别与加拿大、德国、法国以及联合国计划发展署等国家和组织合作，在中国典型城市开展了节能试点改造工程，其中包括北京、天津、唐山、包头和乌鲁木齐等城市。首先，以国际组织或国家合作的方式开展既有建筑节能改造工作为我国提供了大量的管理、技术经验；其次，该模式也为解决节能改造的融资问题带来了有益的尝试；最后，一些国家和企业通过改造项目获得经济收益的同时，也可以参与清洁发展机制项目（CDM），获得既有建筑节能改造的全部或者部分经审核的减排量，进而减小本国节能减排义务的压力。从上述内容可知，以国际合作的改造模式进行既有建筑节能改造属于“双赢”工程，该模式对于我国整个既有建筑的节能改造工作的发展也是必不可少的。

第四种，单一产权主体改造模式。在我国，单一产权主体主要包括政府部门和企事业单位等，产权单位主动投资既有建筑节能改造，通过改造可以减少能源费用的支出，并且提高建筑的功能性和舒适性。

政府部门和事业单位的改造资金主要来自财政预拨款，所以随着建筑能耗的降低，财政预算也减少，节能改造的收益无法保留。所以除了国家强制性规定，此类单位建筑节能改造积极性不高。然而商场、星级酒店等企业单位属于建筑能耗的大户，并且属于自负盈亏的财务模式，所以这类单位具有较强的节能意识，也属于我国单一产权改造模式的重要主体。

第五种，居民自发改造模式。目前，我国待改造的既有居住建筑面积占总建筑面积较大比例，仅靠政府主导推动既有建筑节能改造已经不能满足所有人的意愿，所以有些地区出现了居民自发进行建筑节能改造的情况。该模式为居民个人行为，也有些居民会在同一栋楼的各楼层间进行沟通协商，统一施工，形成具有一定规模的改造，从而缩短施工周期、降低改造成本。进行自发节能改造的居民基本都是由于室内舒适性差，尤其对于冬季供暖温度不满意，所以改造的内容主要都是针对建筑的围护结构，即进行外墙保温改造和窗体改造等。该模式的主要优点是改造规模小、工期短和成本低。由于施工任务主要由无资质的私人队伍承担，改造内容以及方法依赖于施工队伍的经验，材料质量也无严格把关，导致改造质量无法保证。而且目前在该模式下居民基本是费用自付，所以改造风险比较大。

目前，居民自发地进行既有建筑节能改造的案例比较少，主要还是因为居民自身所能投入的改造资金有限，而且居民们也很难形成相对统一的改造意见，同时所能承担的改造风险也比较小，所以无法进行大规模和多方面的节能改造。在该模式下，居民也无法承担建筑供热计量的节能改造费用，节能效果只有室内环境的改善，无法享受节能带来的热费减少。

4. 既有建筑节能改造在物理层上存在的问题

通过对既有建筑节能改造的系统物理层进行分析，总结出阻碍既有建筑节能改造顺利进行的有以下几个问题：

（1）中央政府在既有建筑节能改造过程中处于关键位置，但是目前顶层设计存在缺陷，导致该系统中的各个参与个体之间无法建立长效机制，而且国家行政和市场机制之间也缺乏良性互动，使得在多种改造模式下政府都要提供大量的财政拨款才能推动改造工作的进行。这不仅使政府背上沉重的财政负担，还无法充分地调动社会资金的流动。在开展既有建筑的节能改造工作的过程中，某些地方政府只看中眼前利益，即使在国家强制性改造目标的压力下，也专挑经济收益高、投资回收期短的工业建筑项目，无法使广大居民切实感受到建筑节能改造带来的改变，从而严重影响了该工作在居住建筑上的大面积推广。

（2）建筑节能服务公司改造模式推广受阻。这主要是因为金融机构对节能服务公司的资信水平不了解，无法提供大量的资金贷款，长期靠公司本身的资金来推动既有建筑的节能改造工作也无法形成良性市场运转。而且用能单位对改造过程中的信息也无法完全获得，导致节能服务公司的市场需求不足。同时，节能服务公司的服务水平良莠不齐，各种服务标准、内容无法统一，也严重地影响到用能单位的选择。

（3）金融机构在既有建筑节能改造的过程中扮演了重要的角色。但是由于既有建筑节能改造工作的回收期较长，改造主体的资信能力也无法保障。同时，金融机构为掌握改造中信息也需要投入大量的资本，所以无法将资金放心地投入到这种模糊风险的领域中。

（4）用能单位分为政府部门、企事业单位和零散居民等。政府和事业单位在财政上的预拨款制度降低了其既有建筑节能改造的积极性；企业担心建筑节能改造工作会影响到其经营，而且建筑节能改造的信息不对称性为企业决策带来了障碍；居民的改造积极性受到复杂因素的影响，其中包括改造内容、改造效果、自身资金投入和节能意识等。

（5）目前，不管是政府部门、节能服务公司还是其他主体开展的建筑节能改造工作都具有信息不透明性，这就造成了建筑节能改造工作的信息不对称，也严重地影响了各参与主体的积极性。所以，第三方评估机构在既有建筑的节能改造工作上的作用被凸显出来。目前我国的第三方评估机构的发展滞后，政府相关部门应完善能耗评估过程，并结合国外评估机构成功的行业发展经验，推动评估机构的发展，满足既有建筑节能改造的市场需求。

（6）目前，大部分的既有建筑节能改造项目的资金来源主要由国家财政支出、供热企业投资和居民个人支出组成。这样的融资模式结构单一，同时给国家、企业以及个人带来了很大的经济压力，严重地影响到各主体进行既有建筑节能改造的积极性。

（7）在我国积极推进既有建筑节能改造的道路上已经出现了多种改造模式，但是由于各种模式的开展都受到诸多因素的影响，而且无法完全复制，所以在各地改造过程中还是要根据当地的实际情况进行模式选择。在条件具备的条件环境下还可以采取多种模式配合改造的形式。

（二）表现层

在描述既有建筑节能改造系统的表现层时，主要分为目的、行为、功能三个方面进行探讨。目的是系统存在的理由，描述各种系统时离不开目的和概念，而且系统的目的性不仅与系统本身有关，还受到外界环境的影响。系统的行为是指在主客观因素的影响下表现出来的外部活动，不同种类的系统具有不同行为表现，相同的系统在不同的情况下表现的行为也可能不同。任何系统的行为都会对周围环境产生影响，但是功能是系统对某些对象或者整个环境本身产生的有利作用或者贡献。

1. 开展既有建筑节能改造的目的

（1）解决能源环境问题，实现节能减排战略目标

随着世界经济的快速发展，全球能源需求量不断攀升。但是伴随着经济的高速增长，严重的能源环境问题也随之而来。我国的经济发展是第一要务，但是同样出现的能源危机和环境问题成为我国经济继续高速发展的最大障碍。为了抑制能源浪费，缓和环境气候变化，节能减排战略的实施不仅为我国能源节约和环境保护提出了要求，而且也是中国现阶段经济结构调整优化和发展方式转变的重要措施。

我国大部分的既有建筑都处于长期高耗能的状态，这不仅直接加剧了中国的能源危机和环境污染，同时也与我国现阶段开展的节能减排工作相悖。所以，我国政府提出进行既有建筑节能改造工作，这不仅可以解决能源环境问题，还可以促进我国实现节能减排战略目标。

（2）改善建筑室内环境

目前，我国老旧住宅小区中还存在大量的高耗能建筑，这些小区建筑房龄大部分超过30年，很多建筑部分已经失去功能，有些建筑甚至出现安全隐患。由于住在其中的住户大部分经济条件有限，无法改变质量低下的生活环境，在一些情况下与供热企业或者政府产生了严重的矛盾，大大影响到社会和谐安定。

在我国，还有很多类似的老旧住宅小区和公共建筑存在上述问题，这不仅影响到了使用者的生活质量和身体健康，还大大地降低了建筑的使用寿命和价值。所以在我国进行既有建筑节能改造是非常有必要的。

2. 开展既有建筑节能改造的行为

目的是行为的执行方向，功能是行为的有利结果。开展既有建筑节能改造的行为主要是以下两种：第一种是改造的施工过程；第二种是推动节能改造工作所进行的融资、管理、协调、监督和制度制定等辅助工作。改造的施工过程是直接影响既有建筑节能改造的行为方式，辅助工作是间接的推动行为。如果缺乏合理的融资渠道、管理方式、协调方法和监督体制，既有建筑节能改造工作根本无法顺利展开。

3. 开展既有建筑节能改造的功能

功能是通过系统行为产生的，且趋于系统目的、有利于某些对象或者环境的作用或者贡献。凡是系统都具有一定的功能，系统的功能是一种整体的性质，而且往往具有涌现性，即出现一种系统的组成部分不具有的新功能。既有建筑节能改造的系统功能是以多方面效益体现出来的，主要总结为三个效益：经济效益、环境效益和社会效益。

（1）经济效益。通过进行既有建筑节能改造工作，最直接明显的效益就是各个参与方获得应有的经济收益，从而拉动了社会内需，推动了整个社会的经济增长。这也是推动既有建筑节能改造工作的直接动力。

从供热企业的角度考虑，可以通过既有建筑节能改造降低单位面积热指标，减少单位

面积供热成本，从而间接增加供热面积，实现供热收入的提高；从节能服务公司角度考虑，通过参与既有建筑节能改造工作，ESCO 在短期内就可以回收改造成本，并获得合同约定的合理利润；从节能设备或材料供应商的角度考虑，在节能改造的过程中，建材或者节能设备的市场需求量加大，利润增加；从居民的角度考虑，对于既有建筑的供热管网和热计量进行节能改造后，在室内热环境质量提高的同时，降低了热费支出。

（2）环境效益。既有建筑节能改造对于环境的影响不言而喻。通过节能改造工作，高耗能建筑面积减少，从而节约燃煤量，减少污染气体和温室气体排放，保护人类环境。

（3）社会效益。既有建筑通过节能改造得到了较好的保温隔热效果，室内温度变化幅度减小，提高居民居住舒适度，改善人民的生活质量。而且，良好的改造技术可以提高建筑物的质量水平，增加建筑的使用价值。从宏观的角度看，节能改造工作的开展可以促进人们节能意识的提高，进而使建筑的消费者将节能观念融入到消费行为中，带动节能相关产业的发展，这对于构建节约型和谐社会是非常有帮助的。

4. 既有建筑节能改造在表现层上存在的问题

既有建筑节能改造的表现层问题主要有以下几点：

（1）改造目的定位不准。进行既有建筑节能改造的目的是为了缓解能源压力，保护和改善生态环境，实现节能减排的目标，同时改善建筑室内环境，促进和谐社会的构建。

（2）项目融资受阻。既有建筑节能改造的主要目标是实现环境效益和社会效益，但是现在大部分的改造主体仅是将改造目的定位到经济效益上，这也违背了国家推动既有建筑节能改造的初衷。

（3）节能改造监管行为缺失。在进行既有建筑节能改造的过程中，政府部门或临时组建的节能改造小组对于具体项目的前期准备、施工管理和后期检测等过程缺乏监督管理，导致施工过程质量以及改造效果无法得到保障。而且，针对建筑构建的能耗能效标准制度也不健全，这也严重影响了改造信息的客观性。

三、既有建筑节能改造措施

（一）不同地区的建筑节能改造技术应用

适宜技术理论中的因地与因时制宜思想十分可贵，具有十分重要的借鉴价值和指导意义。建筑节能不仅是技术问题，还综合了环境、经济、能源和文化等多方面的因素，更是经济问题和环境问题。因此建筑节能的推广，应以节能技术为基础，以合理的经济投入为手段，兼顾降低技术应用对环境造成的影响，选择适宜的建筑节能技术。

在进行决策时，必须首先考虑技术的“适应性”。所谓适应性包含很多因子：人员装备的先进性、气候的适宜性、当地经济能够承担的程度、设施对当期气候耐候性等。如果经济条件不允许或者气候条件不适合，改造工程的投入就会完全打了水漂而无法产生应有的收益。我国气候水平差异极大，北方地区冬季严寒，中部地区夏热冬冷，而南方地区夏热冬暖；经济水平也是南方经济发展良好，而中西部经济总体发展水平低于南部沿海城市，但不能一概而论。

目前我国的夏热冬冷地区包括上海、江苏、浙江、安徽、福建、江西、湖北、湖南、重庆、四川、贵州等 14 个省（直辖市）的部分地区。对于上海、江苏、浙江等经济发达地区，能够提供更多的资金应用于建筑节能改造。

而在经济相对薄弱的江西、四川、贵州等省份，相应的经济发展水平较低。以维护结构来说，由于其是建筑物内部与室外进行热交换的直接媒介，对维护结构进行节能改造是提高建筑节能功效的核心之一。复合墙体技术自诞生以来到现阶段已经相对成熟，比较容易有效提高建筑的热工性能。目前存在的复合墙体保温法包括外保温、内保温、夹芯保温等三种形式。根据地区的经济发展水平和气候条件可以选择最为合适的墙体保温方式。使用物美价廉的新型节能材料可以有效减少建筑能耗，美国研究者通过外墙保温与饰面系统提高墙体的热阻值，此外加强密封性以减少空气进入，房屋的气密性约提高了 55%；而建筑保温绝热系统利用聚苯乙烯泡沫或聚亚氨酯泡沫夹心层填充板材，不但保温效果良好，由于其材料的特殊性也能获得较好的建筑强度，材料非常便宜易造，不会增加大量成本；隔热水泥模板外墙系统技术通过将废物循环利用，把聚苯乙烯泡沫塑料和水泥类材料制成模板并运用于墙体施工。此模板材料坚固易于维护且不具有导燃性，防火性能亦比较出色，故利用此种模板制作的混凝土墙体比传统木板或钢板搭建的墙体高出 50% 强度，并且具有防火和持久的特点。

门窗起到空气通风以及人员进出的重要作用，所占的面积比例相较于墙壁来说十分微小。由于其独特作用，门窗的气密性不高，也受到强度、质量等因素的限制。因此保温节能技术处理不同于墙壁和屋面，难度较大。根据研究统计，一般门窗的热损失占全部热损失的 40%，包括传热损失和气流交换热损失。现阶段最常用的双层玻璃节能效果较好，在中空的内芯充入氧气，不过相对成本较高。玻璃贴膜是一种较为经济方便的做法，通过贴上 Low-E 膜，能够反射更多的太阳射线使其不进入屋内。不仅如此，气密性的好坏也会影响门窗的整体性能，现阶段提高气密性较为容易的方法就是在门窗周边镶嵌橡胶或者软性密封条，防止空气对流导致的热交换。门的改造方式一般有加强门缝与门框缝隙的气密性，在门芯内填充玻璃棉板、岩棉板增加阻热性能等方式。不过要注意这些材料必须通过消防防火的检验。

建筑屋面节能措施。屋面是建筑物与外界进行热交换重要场所之一，特别是贴近顶楼的居民会受到很大影响，为了达到良好的保温效果，选材时需注意选用导热小、蓄热大、容重小的材料；注意保温材料层、防水层。刚性表面的顺序，特别在极端气候地区更要注意；选用吸水率小的材料，并在屋面设置排气孔，保持保温材料与外界的隔绝性。通过攀岩植物，例如爬山虎在外立面上覆盖绿色植被，也是一种绿色环保的方法。缺点是容易生虫，给室内人们的居住带来一定不便。屋面施工容易损坏防水层，一般不宜进行大改，节能改造应该以局部改观为主。改造过程先修补防水层，然后在防水层上部进行节能材料的铺设。现阶段采用加气混凝土作为保温层，根据前文介绍保温层厚度通过当地气候条件、房屋使用寿命和结构安全设定，最后在施工末期注意做好防水工艺。此种做法不会破坏原有屋面而且造价低廉，便于施工和维修。

绿色建筑用能研究。在新能源运用方面，各种干净绿色且取之不尽的资源为人们提供了新的能量来源：风能、太阳能、水能、地热能和沼气能等，在经济发展处于弱势的偏远地区非常实用。以风能与太阳能发电系统为例，太阳能电池白天发电并入当地电网将能量储存，晚上为人们提供用电需要，而且日常不需要投入太多精力用于运营维护；风能发电可以建在偏远山区或者高原地带，由于风能发电会产生一种影响人们生活的低频噪音，反而不适合在大城市使用；利用海风也是一种较为合理的能源运用方式：当大风来袭，人们可以将自然界的风力转变成可以利用的资源，只要有风就能一天 24 小时不间断发电，发电效率较高；而地热能源也属于一种绿色环保的资源，从古代开始，人们就认识到温泉的可利用性，现代社会不但可利用高温地热能发电或者为人类用于采暖做饭，还可借助地源热泵和地道风系统利用低温地热能。

（二）既有建就外墙外保温系统构造和技术优化

外墙外保温节能改造技术有一个十分明显的优势，就是几乎不影响室内人员的日常工作生活。因为大部分施工任务都是在外墙展开，也不会破坏室内原有的布局，除了可能产生一些噪声及安全方面的不便外，屋内人员仍可以正常工作生活。同外墙内保温方式相比，外保温的热工性能较为突出，原因在于保温材料彼此搭接完整，降低了热桥现象，此外由于墙壁可以保持温度，不会产生结露的现象。如此一来整个建筑的结构就会处在相同温度中，不会受到室内外温差的影响。而室内外温差导致早晨的热胀冷缩应力变化会给结构延性更多压力，减少建筑物的使用寿命。因此外墙外保温相当于为建筑穿上一件“外衣”，可以增加建筑的寿命期。

1.EPS 板薄外墙外保温系统

EPS 板薄抹灰外墙外保温系统最内层为保温层施工的基层，通过在 EPS 保温板上涂抹粘胶剂将保温板粘在墙面的基层上，保温层施工完毕后覆盖上玻纤网增加薄抹灰层的强度防止开裂，接着就可以在薄抹灰层上涂刷饰面图层，施工简便，效果明显，对屋内人员生活影响很小。EPS 抹灰系统因其优越性在西方国家得到大量运用。

为保证施工质量，提高使用寿命，在对 EPS 板材施工前需要注意以下几个方面。

（1）粘贴 EPS 保温板的基层需要仔细清洁，除去泥灰、油渍等污物，以防在施工时因为基层不净使粘接的板材脱落，以便提高板材的黏接强度。

（2）粘贴板材时黏结剂的涂膜面积至少大于整个板材面积的 40%，否则会影响其使用寿命和强度。

（3）EPS 板应按逐行错缝的方式拼接，不要遗留松动或空鼓板，粘贴需要尽量牢固。

（4）拐角处 EPS 板通过交错互锁的方式结合。在边角及缝隙处利用钢丝网或者玻璃纤维网增加强度，变形缝处做防水处理以防渗水。门窗洞口四角处采用整块 EPS 板切割成形，不能使用边角料随意凑数拼接。这些工法都能提高 EPS 板的黏接强度，有利于整个墙体的保温。

（5）此外还应当注意的是 EPS 板因为材料特性，刚成型时会有缓慢收缩的过程，聚苯乙烯颗粒在加热膨胀成型后会慢慢收缩，新板材最好放置一段时间后再使用。

2. 胶粉 EPS 颗粒保温浆料外墙外保温系统

胶粉 EPS 保温系统的结构由基层、界面砂浆、EPS 保温浆料、抗裂砂浆面层、玻纤网、饰面层等组成。这种 EPS 保温砂浆系统可以用于外墙外保温施工，而不像传统砂浆只能用于内保温，在施工现场搅拌机中就可制成，经过训练的泥水工便能进行施工，成本相对低廉且工艺简单，没有复杂的工序。对比保温板，保温砂浆的优势在于粘接度和强度较为优秀，且对气候的适应性也高于保温板。缺点在于该系统节能效果比 EPS 板和 XPS 板要差，且保温砂浆发挥功效需要一定的厚度，成品质量和工人素质有直接关系，搅拌不均匀、施工涂抹不均匀或偷工减料的情况都有可能发生，影响保温效果。

3. 聚氨酯外墙保温技术

聚氨酯（PUF）是最近出现的一种高新材料，被广泛运用于国民生活的各个角落，称为“第五种塑料”。聚氨酯的优势较 EPS 保温板十分明显，它最大的特点是耐候性较好，不像一般的保温材料没有防水功能，聚氨酯材料具有良好的防潮性，能够阻隔水流渗透。这种材料特别适用于倒置屋面的改造或者是在较为潮湿的气候中使用；其导热系数小于 EPS 保温材料，在相同的保温效果下，需要的厚度仅有 EPS 材料的一半，减轻了外墙的负荷，因此它与外墙的胶粘程度也得以增强，提高了材料的强度与抗风压能力；该材料也有防火性能，燃烧时也不会发生一般塑料那样的滴淌现象而是直接碳化，阻止火势蔓延；其还具有保温、防火、隔水等多种功能，使用寿命大于 25 年，维护便宜方便。此材料具有以上如此之多优点，价格也会高于传统保温材料，初始投资较高时需要慎重考虑。但综合整个使用寿命期考虑，产生效能较高且维护方便，性价比相较普通产品更好。

4. 无机玻化微珠保温技术

无机玻化微珠又被称作膨胀玻化微珠，由一种细小的玻璃质熔岩矿物质组成。这种材料的防火性能十分优秀，由于矿物质自身的材料特点具有不燃性。该材料施工方法类似于 EPS 保温砂浆，即将无机玻化微珠保温浆料现场搅拌制作涂抹于基层之上。其保温效果高于传统保温砂浆材料，但是强度不高，由于自身含有颗粒较多，2cm 以上就需要玻化网增加强度，否则就会开裂，而且吸水性非常大，最好制作砂浆时使用渗透型防水剂。

（三）屋面保温隔热改造技术

屋面节能技术种类较为丰富，现阶段推广较多的就是在屋面防水层与基层之间铺设保温层，比较新颖的技术有日本科学家研究的蓄水屋面（在屋面设立蓄水层，利用水的蒸发带走热量，水的来源可以利用雨水的收集。）蓄水技术在中国推广不高，除了技术不被熟知以外蓄水屋面对屋顶防水要求较高，工艺不过关可能导致屋顶漏水大大影响房屋使用功能。此外还有通风屋面技术，即利用空间形成的自然通风带走屋面热量，效能相对前两种较低，所以现在仍然采用施工简单和技术成熟的保温层铺设法。下面介绍几种常见的屋面结构。

1. 倒置式屋面

通常情况下屋面的防水层在上，而保温层在下，而倒置式屋面指将两者的位置相互颠倒。倒置式屋面的传热效应比较特殊，先通过保温层减弱屋顶温度的热交换过程，使得室外温度对屋面的影响度小于传统保温结构。因此屋面能够积蓄的热量较低，向室内散热也少。

倒置式屋面的大致施工流程为：基层清理→节点增强→蓄水试验→防水层检查→保温层铺设→保护层施工→验收。这种工艺的特殊之处在于将保温层放置在防水层之上，保温层直面各种天气，遇到潮湿多雨季节时容易吸收大量的水分发胀。如果不选取吸水较少的材料，在冬天一旦结冰就会胀坏保温材料，严重减少材料的使用寿命。吸水性弱的材料例如聚苯乙烯泡沫板和沥青膨胀珍珠岩等都是较为合理的选择。外面保护层可以使用混凝土、水泥砂浆或者瓦面、卵石等，使得屋面保温材料拥有一层“装甲”。

2. 通风屋面

通风屋面适用于夏季炎热多雨的地区。通风屋面能够快速促进水分蒸发而不至于使屋顶泡水发霉。现在中国广大地区都有架空屋面的痕迹，最容易的方法就是在屋顶上搭建一个架空层，除了有遮挡阳光的作用，形成的空间还能加速空气流动，甚至没有建造技术的业主都能自行搭建。经过设计添加的通风屋面主要是将预制水泥板架在屋顶之上形成架空层，遮挡阳光并加速通风。现已实验得知，通风屋面和普通屋面使用相同热阻材料而搭建不同结构，热工性能完全不在同一水平。

3. 平屋面改坡屋面

“平改坡”屋面实际上就是将平行的屋顶改造成为具有一定坡度的屋顶，这种结构有利于屋顶排水，且形成的空间在一定程度上有利于房屋的隔热效能。这种屋顶比较美观，选择合适的屋面装饰可以在城市中形成一道靓丽的风景线。缺点是施工相对复杂且会加大屋面结构的受力，如果是旧屋顶“平改坡”就需要特别注意要在保证结构安全的前提下进行改造。现阶段有钢筋混凝土框架结构、实体砌块搭设结构等，用砌块搭建的结构太重，时间长了会使屋面发生形变破坏屋面防水结构甚至影响结构安全，因此尽量选取自重较轻且强度大的结构，例如轻钢龙骨结构。一般的轻型装配式钢结构自重非常轻，对结构造成的压力较小，“平改坡”屋面相同于外墙保温施工工艺，不会对建筑内人员的起居造成影响，价格区间也有较大选择，预算不高可以选择最便宜的施工方法。

轻钢屋架施工方法指在原有屋面外墙的圈梁上打孔植筋，在此基础上浇筑一圈钢筋混凝土圈梁，两部分圈梁通过植筋连接为一体，新增加圈梁作为屋顶轻型钢架的支座。

4. 屋顶绿化

屋顶绿化作为新型的建筑节能改造技术，适合在降雨充沛的地区广泛推广。为了不增加屋顶的负荷，适宜采用人工基质取代天然土，将轻质模块化容器加以组合承担种植任务。屋顶绿化不需要大量人工维护，相比较外墙绿化措施较为简便且功效明显，可增加城市的绿化面积。

现在已经针对屋面绿化开发出的一次成坪技术和容器式模板技术成为热门，但将种植植被的容器减重有利于屋面结构的稳定。通过 PVC 无毒塑料制成的容器模块，集排水、渗透、隔离等功能为一体。在苗圃培养园区用复合基层培育植物，等到苗圃长到一定高度就可以直接安装使用，完成屋顶整体绿化。这种技术具有屋顶现场施工方便、快捷便于维护，对于枯萎植物只需要拿走容器更换新的即可。而且不会伤害屋顶保温、防水层面，不会对保温防水功能产生不利影响，从空中往下看可以看到非常美丽的“草坪”，有利于城市空气的净化。这种技术对于降水丰富的城市比较适用，植被可以在自然条件下良好生长而不需要耗费精力维护。国内研究人员经过试验表明：绿化屋顶的植被显著吸收了一部分太阳射线，并对屋顶实施了“绿色保护”。屋顶的积累温度小于没有附加绿化的普通屋顶，阻止热量向室内的扩散。屋顶绿化的缺点在于维护相对麻烦，植物需要专人的照料，基本只适用于平屋顶，不适用于气候干燥少雨或者楼层过高、屋顶面积狭窄的建筑。

（四）建筑外窗的节能改造技术

建筑外窗也是节能改造的重点之一。建筑围护结构中，窗户的传热和透气性都要高于一般墙壁，直接影响着建筑室内外的热交换，当然也决定建筑的全年能耗。窗户的优化节能改造的入手点即从构建的节能优化。在具体措施上可包括以下几个部分：

1. 将普通玻璃窗更换成节能玻璃窗

现阶段居民及公共建筑的外窗采用的大部分是普通玻璃，对太阳射线起不到阻隔作用，而且相应的气密性和热工性能也比较低下，室内热量很容易通过外窗进行热交换。因此比较合适的节能改造方式就是更换节能玻璃。现阶段最为推广的技术在于使用中空玻璃或者贴膜玻璃。中空玻璃的热工性能非常好，在双层玻璃中间间隔一层空气层（有时充入氮气），窗框与玻璃结合处有橡胶条封堵，能够有效阻隔室内外热量的交换。贴膜玻璃指的是在玻璃窗上贴上一层 Low-E 薄膜，此膜能够有效反射太阳射线中的中远红外线，大大降低热辐射对房内温度的提高，而且能够使得可见光顺利通入室内，不会对照明产生影响，夏季房内不会过热，冬季不会结霜。它对紫外线的反射功效能够组织其对室内家具的伤害，防止褪色。Low-E 中空玻璃能够将热工性能和热辐射反射功能良好的结合，提高房屋的保温效能。缺点在于造价成本远高于普通玻璃，需要选择性运用。

2. 在原有外窗的基础上进行改造

最常见的做法是在窗框周围加装密封条增强气密性，防止热交换。不过带来的效果也非常有限，优点是成本极低，使用方便。增强气密性的方法有安装橡胶密封条或者打胶，另一种方法是直接在原有玻璃上贴膜，增加对热辐射的反射功能，阻碍房间温度的上升。此方法对于夏季光照强烈的地区十分有效。

（五）建筑遮阳设备节能故造技术优化

在窗户周边增加遮阳板是一种相当容易并且有效的节能方案。遮阳板较为美观且安装容易，不但能够起到遮挡阳光的作用，还能够起到遮风挡雨的功效。遮阳板适合家庭安装，成本低，不需要维护。

板式遮阳安装于窗户周边，用于遮挡从不同方向射来的阳光。板式遮阳有普通水平式、折叠水平式，与百叶窗结合式以及百叶板式等，种类繁多，均可以起到较好功效。遮阳板的设置主要根据阳光的入射角进行安装，例如南边朝向的房间就可以将遮阳板安装于窗户之上，能够遮挡从上方摄入的光线。现阶段比较先进的遮阳板可以利用结合部的铰链随时调整遮挡方向，非常方便。

遮阳板经过构思精巧的设计，甚至能够成为建筑物上别出心裁的亮点，例如，遮阳板通过不同方向的设置，促进了遮阳效果的发挥。为了合理控制入光量，甚至可以通过在遮阳板上钻孔的方式让合理的日光射入房间而不会影响整体采光。除了直接运用板式遮阳以外还可以设置百叶窗的效果，百叶窗的窗页纤细轻柔，看上去比遮阳板更加美观。不会破坏整个建筑的外立面，也适合家庭或办公室采用。蓬式遮阳类似于板式遮阳，不过造型更为多变且美观。蓬式遮阳采取在龙骨外围蒙设骨架的结构，可以收放自如，价格也十分便宜。

但是，大部分蓬式遮阳因为其本身的材料原因导致使用寿命不长，一般在几年之后就会破损毁坏，因此不适合在大型公共场所使用。

第八章　绿色建筑设计管理

第一节　绿色建筑的规划

一、绿色建筑规划设计的原则

在建筑物的基本建设过程的三个阶段（规划设计阶段、建设施工阶段、运行维护阶段）中，规划设计是源头，也是关键性阶段。规划设计只需消耗极少的资源，却决定了建筑存在几十年的能源与资源消耗特性。从规划设计阶段推进绿色建筑，就抓住了关键，把好了源头，这比后面的任何一个阶段都重要，可以收到事半功倍的效果。

在绿色建筑规划设计中，要关注其对全球生态环境、地区生态环境及自身室内外环境的影响，还要考虑建筑在整个生命周期内各个阶段对生态环境的影响。

绿色建筑规划设计的原则可归纳为以下几方面。

（一）节约生态环境资源

（1）在建筑全生命周期内，使其对地球资源和能源的消耗量减至最小；在规划设计中，适度开发土地，节约建设用地；

（2）建筑在全生命周期内，应具有适应性、可维护性等特点；

（3）提高建筑密度，少占土地，城区适当提高建筑容积率；

（4）选用节水用具；收集生产、生活废水，加以净化利用；收集雨水加以有效利用，节约水资源。

（5）建筑物质材料选用可循环或有循环成分材料的产品；

（6）使用耐久性材料和产品；

（7）使用地方材料。

（二）使用可再生能源，提高能源利用效率

（1）采用节能照明系统；

（2）提高建筑围护结构热工性能；

（3）优化能源系统，提高系统能量转换效率；

（4）对设备系统能耗进行计量和控制；

（5）使用再生能源，尽量利用外窗、中庭、天窗进行自然采光；

（6）利用太阳能集热、供暖、供热水；

（7）利用太阳能发电；

（8）建筑开窗位置适当，充分利用自然通风；

（9）利用风力发电；

（10）采用地源热泵技术实现采暖空调；

（11）利用河水、湖水、浅层地下水进行采暖空调。

（三）减少环境污染，保护自然生态

（1）在建筑全生命周期内，使建筑废弃物的排放量和对环境的污染降到最低；

（2）保护水体、土壤和空气，减少对它们的污染；

（3）扩大绿化面积，保护地区动植物种类的多样性；

（4）保护自然生态环境，注重建筑与自然生态环境的协调，尽可能保护原有的自然生态系统；

（5）减少交通废气排放量；

（6）减少废弃物排放量，使废弃物处理不对环境产生再污染。

（四）保障建筑微环境质量

（1）选用绿色建材，减少材料中的易挥发有机物；

（2）减少微生物滋长机会；

（3）加强自然通风，提供足量新鲜空气；

（4）恰当的温湿度控制；

（5）防止噪声污染，创造优良的声环境；

（6）提供充足的自然采光，创造优良的光环境；

（7）提供充足的日照创造适宜的外部景观环境；

（8）提高建筑的适应性、灵活性。

（五）构建和谐的社区环境

（1）创造健康、舒适、安全的生活居住环境；

（2）保护建筑的地方多样性；

（3）保护拥有历史风貌的城市景观环境；

（4）加强对传统街区、绿色空间的保护和再利用，注重社区文化和历史；

（5）重视旧建筑的更新、改造、利用，继承发展地方传统的施工技术；

（6）鼓励公众参与设计等；

（7）提供城市公共交通，便利居住出行交通等。

绿色建筑应根据地区的资源条件、气候特征、文化传统及经济和技术水平等对某些方面的问题进行强调和侧重。在绿色建筑规划设计中，可以根据各地的经济技术条件，对设

计中各阶段、各专业的问题，排列优先顺序，并允许调整或排除一些较难实现的标准和项目。对有些标准予以适当放松和降低。着重改善室内空气质量和声、光、热环境，研究相应的解决途径与关键技术，营造健康、舒适、高效的室内外环境。

二、绿色建筑规划设计的内容

绿色建筑的规划设计的内容包括建筑选址、分区、建筑布局、道路走向、建筑方位朝向、建筑体型、建筑间距、季风主导方向、太阳辐射、建筑外部空间环境构成等方面。

（一）建筑选址

为建筑物选择一个好的建设地址对实现建筑物的绿色设计至关重要。绿色建筑对基地有选择性，不是任何位置、任何气候条件下均可建造合适的绿色建筑。绿色建筑宜选择良好的地形和环境，满足建筑冬季采暖和夏季致凉的要求，如建筑的基地应选择在向阳的平地或山坡上，以争取尽量多的日照，为建筑单体的节能设计创造采暖先决条件，并尽量减少冬季冷气流的影响。

（二）建筑布局

建筑的合理布局有助于改善日照条件、风环境，并有利于建立良好的气候防护单元。建筑布局应遵循的原则是：与场地取得适宜关系；充分结合总体分区及交通组织；有整体观念，统一中求变化，主次分明；体现建筑群性格；注意对比、和谐手法的运用。

（三）建筑朝向

建筑朝向的选择涉及当地气候条件、地理环境、建筑用地情况等，在建筑设计时，应结合各种设计条件，因地制宜地确定合理建筑朝向的范围，以满足生产和生活的需要。选择朝向的原则是满足冬季能争取较多的日照，夏季能避免过多的日照，并有利于自然通风的要求。由于我国处于北半球，因此大部分地区最佳的建筑朝向为南向。

（四）建筑间距

建筑间距应保证住宅室内获得一定的日照量，并结合日照、通风、采光、防止噪声和视线干扰、防火、防震、绿化、管线埋设、建筑布局形式以及节约用地等因素综合考虑确定。住宅的布置，通常以满足日照要求作为确定建筑间距的主要依据。《中华人民共和国建筑消防设计规范》规定多层建筑之间的建筑左右间距最少为 6 m，多层与高层建筑之间最少为 9 m，高层建筑之间的间距最少为 13 m，这是强制性规定。

（五）建筑体型

人们在建筑设计中常常追求建筑形态的变化，从节能角度考虑，合理的建筑形态设计不仅要求体形系数小，还需要冬季日辐射得热多，对避寒风有利。具体选择建筑体型受多种因素制约，包括当地冬季气温、日辐射照度、建筑朝向、各面围护结构的保温状况和局部风环境状态等，需要具体权衡得热和失热的情况，优化组合各影响因素才能确定。

第二节 绿色建筑设计要点分析

一、节地与室外环境

建筑场地应优先选用已开发且具城市改造潜力的用地；场地环境应安全可靠，远离污染源，并对自然灾害有充分的抵御能力；保护自然生态环境，充分利用原有场地上的自然生态条件，注重建筑与自然生态环境的协调；避免建筑行为造成水土流失或其他灾害。

在节地方面，建筑用地应适度密集，适当提高公共建筑的建筑密度，住宅建筑立足创造宜居环境来确定建筑密度和容积率；强调土地的集约化利用，充分利用周边的配套公共建筑设施，合理规划用地；高效利用土地，如开发利用地下空间，采用新型结构体系与高强轻质结构材料，提高建筑空间的使用率。

在降低环境负荷方面，应将建筑活动对环境的负面影响控制在国家相关标准规定的允许范围内；减少建筑产生的废水、废气、废物的排放；利用园林绿化和建筑外部设计以减少热岛效应；减少建筑外立面和室外照明引起的光污染；采用雨水回渗措施，维持土壤水生态系统的平衡。

在绿化方面，应优先种植乡土植物，采用少维护、耐旱性强的植物，减少日常维护的费用；采用生态绿地、墙体绿化、屋顶绿化等多样化的绿化方式，应对乔木、灌木和攀缘植物进行合理配置，构成多层次的复合生态结构，达到人工配置的植物群落自然和谐，并起到遮阳、降低能耗的作用；绿地配置合理，达到局部环境内保持水土、调节气候、降低污染和隔绝噪声的目的。

在交通方面，应充分利用公共交通网络，合理组织交通，减少人车干扰；地面停车场采用透水地面，并结合绿化为车辆遮阴。

二、节能与能源利用

为降低能耗，应利用场地自然条件，合理考虑建筑朝向和楼距，充分利用自然通风和天然采光，减少空调和人工照明的使用；提高建筑围护结构的保温隔热性能，采用由高效保温材料制成的复合墙体和屋面、密封保温隔热性能好的门窗；采用有效的遮阳措施；采用用能调控和计量系统。

同时应提高用能效率，采用高效建筑供能、用能系统和设备；合理选择用能设备位置，使设备在高效区工作；根据建筑物用能负荷动态变化，采用合理的调控措施。

优化用能系统，采用能源回收技术；采取部分空间、部分负荷下运营时的节能措施；有条件时宜采用热、电、冷联供形式，以提高能源利用效率；采用能量回收系统，如采用热回收技术；针对不同能源结构，实现能源梯级利用。

尽可能使用可再生能源。充分利用场地的自然资源条件，开发利用可再生能源，如太阳能、水能、风能、地热能、海洋能、生物质能、潮汐能以及通过热泵等先进技术取自自然环境（如大气、地表水、污水、浅层地下水、土壤等）的能量。可再生能源的使用不应造成对环境和原生态系统的破坏以及对自然资源的污染。

三、节水与水资源利用

根据当地水资源状况，因地制宜地设计节水规划方案，如污水、雨水回收利用等，保证方案的经济性和可实施性。

提高用水效率。按高质高用、低质低用的原则，生活用水、景观用水和绿化用水等按用水水质要求分别提供、梯级处理回用；采用节水系统、节水器具和设备，如采取有效措施，避免管网漏损，空调冷却水和游泳池用水采用循环水处理系统，卫生间采用低水量冲洗便器、感应出水龙头或缓闭冲洗阀等，提倡使用免冲厕技术等；采用节水的景观和绿化浇灌设计，如景观用水不使用城市自来水，尽量利用河湖水、收集的雨水或再生水，绿化浇灌采用微灌、滴灌等节水措施。

在雨污水综合利用上，采用雨水、污水分流系统，有利于污水处理和雨水的回收再利用；在水资源短缺地区，通过技术经济比较，合理采用雨水和污水回用系统；合理规划地表与屋顶雨水径流途径，最大程度降低地表径流，采用多种渗透措施增加雨水的渗透量。

四、节材与材料资源利用

在节材方面，采用高性能、低材耗、耐久性好的新型建筑体系；选用可循环、可回用和可再生的建材；采用工业化生产的成品，减少现场作业；遵循模数协调原则，减少施工废料；减少不可再生资源的使用。

尽量使用绿色建材，选用蕴能低、高性能、高耐久性和本地建材，减少建材在全寿命周期中的能源消耗；选用可降解、对环境污染少的建材；使用原料消耗量少和采用废弃物生产的建材；使用可节能的功能性建材。

五、室内环境质量

在光环境方面，设计采光性能最佳的建筑朝向，发挥天井、庭院、中庭的采光作用，使天然光线能照亮人员经常停留的室内空间；采用自然光调控设施，如采用反光板、反光镜、集光装置等，改善室内的自然光分布；使办公和居住空间开窗能有良好的视野；室内照明尽量利用自然光，如不具备自然采光条件，可利用光导纤维引导照明，充分利用阳光，减少白天对人工照明的依赖；照明系统采用分区控制、场景设置等技术措施，有效避免过度使用和浪费；分级设计一般照明和局部照明，满足低标准的一般照明与符合工作面照度要求的局部照明相结合；使局部照明可调节，有利于使用者的健康和照明节能；采用高效、节能的光源、灯具和电器附件。

在热环境方面，优化建筑外围护结构的热工性能，防止因外围护结构内表面温度过高或过低，避免透过玻璃进入室内的太阳辐射热等引起不舒适感；设置室内温度和湿度调控系统，使室内的热舒适度能得到有效的调控，建筑物内的加湿和除湿系统能得到有效调节；根据使用要求合理设计温度可调区域的大小，满足不同个体对热舒适性的要求。

在声环境方面，采取动静分区的原则进行建筑的平面布置和空间划分，如办公、居住空间不与空调机房、电梯间等设备用房相邻，以减少对有安静要求的房间的噪声干扰；合理选用建筑围护结构构件，采取有效的隔声、减噪措施，保证室内噪声级和隔声性能符合《民用建筑隔声设计规范》的要求；综合控制机电系统和设备的运行噪声，如选用低噪声设备，在系统、设备、管道（风道）和机房采用有效的减振、减噪、消声措施，控制噪声的产生和传播。

在室内空气质量方面，对有自然通风要求的建筑，人员经常停留的工作和居住空间应能自然通风。可结合建筑设计提高自然通风效率，如采用可开启窗扇自然通风、利用穿堂风、竖向拔风作用通风等；合理设置风口位置，有效组织气流，采取有效措施防止串气、泛味，采用全部和局部换气相结合，避免厨房、卫生间、吸烟室等位置的受污染空气循环使用；室内装饰、装修材料对空气质量的影响应符合《民用建筑室内环境污染控制规范》的要求；使用可改善室内空气质量的新型装饰装修材料；设集中空调的建筑，宜设置室内空气质量监测系统，维护用户的健康和舒适；采取有效措施防止结露和滋生霉菌。

第三节　绿色建筑策划

一、策划目标

设计策划应明确绿色建筑的项目定位、建设目标及对应的技术策略、增量成本与效益分析。策划目标应包括下列内容：节地与室外环境的目标、节能与能源利用的目标、节水与水资源利用的目标、节材与材料资源利用的目标、室内环境质量的目标、运营管理的目标。

二、绿色建筑策划的内容

前期调研应包括场地分析、市场分析和社会环境分析，并满足下列要求：

（1）场地分析应包括地理位置、场地生态环境、气候环境、地形地貌、场地周边环境、道路交通和市政基础设施规划条件等；（2）市场分析应包括建设项目的功能要求、市场需求、使用模式和技术条件等；（3）社会环境分析应包括区域资源、人文环境和生活质量、区域经济水平与发展空间、周边公众的意见与建议、当地绿色建筑的激励政策情况等。

项目定位与目标分析，要分析项目的自身特点和要求，分析《绿色建筑评价标准》中相关等级的要求，确定适宜的实施目标。

三、绿色建筑技术方案与实施策略分析

应根据项目前期调研成果和明确的绿色建筑目标，制定绿色建筑技术方案项目与实施策略，并宜满足下列要求：选用适宜的、被动的技术；选用集成技术；选用高性能的建筑产品和设备；对现有条件不满足绿色建筑目标的，采取补偿措施。

四、绿色措施经济技术可行性分析

绿色措施经济技术可行性分析包括技术可行性分析、经济性分析、效益分析和风险分析。

第四节　绿色建筑设计的程序

绿色建筑设计一般需要经过需求建立、需求论证、总体方案、方案评审、初步设计及评审、技术设计、施工图设计等各阶段。

一、需求论证

需求论证是用来证明需求的必要性、可能性、实用性和经济性。通过论证提出绿色建筑项目建设的根据，要对同类、同系统的建筑进行认真、细致、深入的调查，对其建设效果有一个本质的了解，并且把同类、同系统的建筑所呈现的不同结果，进行全面的分析对比，在考虑影响因素约束条件的情况下，从中找出有规律的结论，以指导设计工作。同时，通过需求论证给出建筑项目的可行性论证报告。

二、初步设计

初步设计又叫总体设计，是根据已批准的可行性报告进行的总体设计，在相互配合、组织、联系等方面进行统一规划、部署和安排，使整个工程项目在布置上紧凑、流程上顺畅、技术上可靠、施工上方便、经济上合理。初步设计要确定做什么项目，达到什么功能、技术档次与水平，以及总体上的布局等。在审查设计方案和初步设计文件中，要着重审查方案“有多少绿”，设计是否符合生态或健康标准。

三、技术设计

对那些特大型或是特别复杂而无设计经验的绿色项目，要进行技术设计。技术设计是为了解决某些技术问题或选择技术方案而进行的设计，它是工程投资和施工图设计的依据。在技术设计中，要根据已批准的初步设计文件及其依据的资料进行设计。衡量技术设计的成功：一是解决掉拟解决的问题；二是待定的方案得到了确定；三是已经具备施工图设计的条件。

四、施工图设计

施工图是直接用于施工操作的指导文件，是绿色建筑设计工作的最终体现。它包括绿色建筑项目的设计说明、有关图例、系统图、平面图和大样图等，完整的设计还应附有机械设备明细表。施工图设计应根据批准的初步设计文件或是技术设计文件和各功能系统设备订货情况进行编制。施工图设计完成后还应进行校对、审核、会签，未会签、未盖章的图纸不得交付施工使用。在施工图交付施工使用前，设计单位应向建设单位、监理单位、施工单位进行技术交底，并进行图纸会审。在施工中，如发现图纸有误、有遗漏、有交代不清之处或是与现场情况不符等问题，需要修改的，应由施工单位提出，经原设计单位签发设计变更通知单或是技术核定单，并作为设计文件的补充和组成部分。任何单位和个人不得擅自修改施工图。

参考文献

[1] 赵军生 . 建筑工程施工与管理实践 [M]. 天津：天津科学技术出版社，2022.

[2] 虞焕新，孙群伦 . 建筑工程技术实践 [M]. 沈阳：东北大学出版社，2022.

[3] 张立华，宋剑，高向奎 . 绿色建筑工程施工新技术 [M]. 长春：吉林科学技术出版社，2022.

[4] 张燕梁，高瑞，刘晓峰 . 绿色建筑施工管理与工程造价 [M]. 长春：吉林科学技术出版社，2022.

[5] 毛同雷，孟庆华，郭宏杰 . 建筑工程绿色施工技术与安全管理 [M]. 长春：吉林科学技术出版社，2022.

[6] 冯江云 . 绿色建筑施工技术及施工管理研究 [M]. 北京：北京工业大学出版社，2022.

[7] 韩继红 . 绿色建筑运营期数字化管理创新实践 [M]. 北京：中国建筑工业出版社，2022.

[8] 于立君，胡金红 . 建筑工程施工组织：第 3 版 [M]. 北京：高等教育出版社，2022.

[9] 杜涛 . 绿色建筑技术与施工管理研究 [M]. 西安：西北工业大学出版社，2021.

[10] 董卫国，宋技，齐雪妍 . 绿色建筑施工与管理 [M]. 天津：天津科学技术出版社，2021.

[11] 何科奇 . 绿色建筑工程管理研究 [M]. 哈尔滨：哈尔滨地图出版社，2021.

[12] 袁家海，张军帅 . 绿色建筑与能效管理 [M]. 北京：中国电力出版社，2021.

[13] 任雪丹，王丽 . 建筑装饰装修工程项目管理 [M]. 北京理工大学出版社，2021.

[14] 刘臣光 . 建筑施工安全技术与管理研究 [M]. 北京：新华出版社，2021.

[15] 刘哲 . 建筑设计与施组织管理 [M]. 长春：吉林科学技术出版社，2021.

[16] 王君，陈敏，黄维华 . 现代建筑施工与造价 [M]. 吉林科学技术出版社，2021.

[17] 冯立雷 . 绿色建造新技术实录 [M]. 北京：机械工业出版社，2021.

[18] 杨胜炎 . 建筑工程测量 [M]. 北京理工大学出版社，2021.

[19] 钟汉华，董伟 . 建筑工程施工工艺 [M]. 重庆：重庆大学出版社，2020.

[20] 姚亚锋，张蓓 . 建筑工程项目管理 [M]. 北京：北京理工大学出版社，2020.

[21] 赵海成，蒋少艳，陈涌 . 建筑工程 BIM 造价应用 [M]. 北京：北京理工大学出版社，2020.

[22] 杨承惁，陈浩 . 绿色建筑施工与管理 2020[M]. 北京：中国建材工业出版社，2020.

[23] 石斌，董琳，张晓红 . 绿色建筑施工与造价管理 [M]. 长春：吉林科学技术出版社，2020.

[24] 张东明 . 绿色建筑施工技术与管理研究 [M]. 哈尔滨：哈尔滨地图出版社，2020.

[25] 强万明 . 超低能耗绿色建筑技术 [M]. 北京：中国建材工业出版社，2020.

[26] 庞业涛 . 装配式建筑项目管理 [M]. 成都：西南交通大学出版社，2020.

[27] 李珂，钱嘉宏 . 北京市绿色建筑和装配式建筑适宜技术指南 [M]. 北京：中国建材工业出版社，2020.

[28] 姜立婷 . 绿色建筑节能与节能环保发展推广研究 [M]. 哈尔滨：哈尔滨工业大学出版社，2020.

[29] 韩文 . 建筑陶瓷智能制造与绿色制造 [M]. 北京：中国建材工业出版社，2020.

[30] 蒲娟，徐畅，刘雪敏 . 建筑工程施工与项目管理分析探索 [M]. 吉林科学技术出版社，2020.

[31] 杨智慧 . 建筑工程质量控制方法及应用 [M]. 重庆：重庆大学出版社，2020.

[32] 杜瑞锋，韩淑芳，齐玉清 . 建筑工程 CAD[M]. 北京理工大学出版社，2020.